我们一起解决问题

极简生活法则

THE RULES OF LIFE

［英］理查德·泰普勒（Richard Templar）———————————————— 著

陈婷 刘静怡 ———————————————————————————— 译

人民邮电出版社

北　京

图书在版编目（CIP）数据

极简生活法则 / （英）理查德·泰普勒
(Richard Templar) 著；陈婷，刘静怡译. -- 北京：
人民邮电出版社，2017.8
　ISBN 978-7-115-45784-4

Ⅰ．①极… Ⅱ．①理… ②陈… ③刘… Ⅲ．①人生哲
学—通俗读物 Ⅳ．①B821-49

中国版本图书馆CIP数据核字(2017)第114261号

内 容 提 要

　　世间，有人似乎天生就掌握着幸福的人生秘诀，有人半路弯道超车突然成为了快乐的人生赢家，而有人则视生活处处都是荆棘与泥潭，或沉沦或挣扎。那么我们该如何掌控自己的生活，愉快地享受每一天？

　　本书是欧美畅销书作家理查德·泰普勒的一部经典作品，为了让更多的人拥有幸福的人生，他在观察与实践了诸多乐天知足、运气始终不错的人的方法后，将我们的生活宇宙分成了四个空间：与自我、与伴侣、与家人和朋友以及与我们的社交圈。在此基础上，他把那些看似高深的人生哲理总结为我们平凡而普通的人也能够应用的121条极简生活法则。我们希望大家在阅读后，都能成为做事问心无愧、积极播撒正能量、享受生活的人生赢家。

　　我们无时无刻不在做选择，本书就是给那些愿意选择积极改变、愿意选择把快乐带给自己和身边人的读者的人生指南。

◆　　著　　[英]理查德·泰普勒（Richard Templar）
　　　　译　　陈　婷　刘静怡
　　　　责任编辑　姜　珊
　　　　责任印制　焦志炜

◆　人民邮电出版社出版发行　　北京市丰台区成寿寺路 11 号
　　邮编　100164　　电子邮件　315@ptpress.com.cn
　　网址　http://www.ptpress.com.cn
　　北京捷迅佳彩印刷有限公司印刷

◆　开本：880×1230　1/32
　　印张：8.5　　　　　　　　　　2017 年 8 月第 1 版
　　字数：180 千字　　　　　　　2025 年 7 月北京第 32 次印刷
　　著作权合同登记号　图字：01-2016-4803 号

定价：49.00 元
读者服务热线：(010) 81055656　　印装质量热线：(010) 81055316
反盗版热线：(010) 81055315

▶ 理查德 · 泰普勒与他的人生法则系列图书 ◀

66 泰普勒人生法则系列"图书是欧美史上最畅销的心理自助丛书之一，也是英国家喻户晓的一套经典长销书。其中一些单本长期占据英国亚马逊排行榜前 100 位，其在英国的影响力不亚于《哈利·波特》。

在英国，截止到 2016 年年中，"泰普勒人生法则系列"总销量有 200 多万册。其中，单本《极简生活法则》英文原版已销售了 60 万册；《极简工作法则：如何成为领先的少数人》英文原版已销售了 51 万册；《财富的理想国：关于财富的 117 条法则》英文原版则销售了 27.8 万册。可以说，"泰普勒人生法则系列"图书是欧美各地机场书店里都会摆放、码堆的一套书。

理查德·泰普勒（Richard Templar），欧美畅销书"泰普勒人生法则系列"图书的作者，被誉为"个人成长"的导师。

泰普勒的人生轨迹丰富多彩，在其 30 年的工作生涯中，他涉猎了不同的领域，在不同企业内负责过不同的工作，现在他自己创业，同时经营几家公司。他的个人成功促使其开启了传道授业解惑的旅程，与大众分享他的成功法则。

据不完全统计，全球有超过 240 万人在按照他所建议的法则行事。有评论家认为，理查德的文字风格，既不是那种冷硬命令式、听多了让人觉得苛刻的"教科书风格"，也不是温柔多情式、听久了让人觉得黏糊糊的"中央空调风格"，而是一种介于两者之间温暖又不失客观的风格。

"泰普勒人生法则系列"图书之所以受到欧美读者的欢迎，最重要的原因就在于，泰普勒强调了一种人生观：无论做什么，我们都要有自己的态度并且能够坚持下去。这个结论来源于他对周围各领域成功人士的细微观察，他发现有些人总是看起来生活得很轻松，无论身处何种状况，他们总是能够积极向上，做正确的事情，而大家都喜欢这样的人，大家也都希望成为这样的人。于是，他将自己所观察到的一切总结成一条条简单的法则，分享给了每一位想从容应对生活的人。

作为"泰普勒人生法则系列"图书中文版的出版方，我们希望这套书能从生活、职场、管理、爱情、财富、为人父母及自我突破等领域为读者提供一条人生捷径，帮助每一个人都学会坚持、学会思考，成为自己生命的主人。

小时候，我曾和祖父母共同生活过几年，其中的原因复杂。和同时代的很多人一样，他们勤劳、知足。祖父因为一起工伤事故（一车砖砸坏了他的一只脚）而提前退休，祖母则在伦敦的一家大型百货商场上班。我的突然到来显然打乱了他们的日常安排。因为我还没到上学的年龄，而祖母又不能指望祖父在家里照看我（在那个年代，男人是不看孩子的，想想现在，真是翻天覆地的变化）。她的解决办法是把我藏起来，带着我去上班。

和"奶奶"一起上班很有意思。我被要求长时间保持安静，一动不动。因为不知道别的小朋友是怎么度过这一天的，那时的我以为这很正常。我发现，在观察顾客——通常是从一张大桌子下面，那里是我的安全角落——的过程中，我很快乐。所以说，我天生就对观察别人有着强烈的兴趣。

后来，我回去和母亲一起生活。她说，观察别人永远不会让我成功。对于这一点，我并不确定。你看，在我的职业生涯初期，对周围人的观察表明，一些人会因为一系列与众不同的行为而升职。比如，两个人能力相当，其中一人却像是她已经升职了一样去思考、去行动，那么她就会得到高一级的空缺岗位。把这些观察到的行为付诸实践后，我的事业进入快速上升期。这些"法则"也成了我那两本《极简工作法则》（*The Rules of Work*）《极简管理法则》（*The Rules of Management*）的基础，这本书现在是同类作品中的畅销书。

就像你发现在职场上，一些行为会让一些人轻松升职一样，生活中也是如此。在生活中，人们总体上可分为两类：一类似乎已经掌握了成功人生的诀窍，一类依然觉得很难成为人生赢家。说到成功，我的意思不是积累了大量财富，或是在某个压力很大的行业做到了高层，而是从我勤劳的祖父母也可以理解的角度来说的。这一类人对生活感到满足，基本上每天都很快乐，并且身体还算健康，生活多姿多彩。难以实现成功的人往往没有那么快乐，对他们来说，生活总是差强人意。

那么，秘诀是什么？答案可以归结到一种简单的选择上。我们每天都能选择去做某些事情，有些事会让我们感到不快乐,有些事则会让我们快乐。通过观察别人,我推断如果遵循一些基本的"生活法则",我们就会取得更多的成就,更容易摆脱困境,同时也能让生活变得更加丰富,并把快乐带给身边的人。按这些法则行事的人似乎运气一直都不错。他们能够营造欢乐的气氛,对生活充满热情,并且会把各种问题都处理得很好。

因此,本书中介绍的都是我的"生活法则"。它们不是一成不变的,不神秘,也不难做到。这些法则完全是基于我对快乐和成功人士的观察总结出来的。我注意到,快乐的人遵循了大部分法则,而看上去闷闷不乐的人恰好都是些没有遵守这些法则的人。此外,成功的人甚至都没意识到他们自己在做什么,他们是天生的法则玩家。但天生不太具备这种能力的人常常会觉得自己缺失了什么,一生都在寻找某个东西,认为它会奇迹般地让他们的生活变得有意义,或是填补他们内心的空白。但答案近在眼前,他们需要的只是在行为上稍做改变。

真的这么简单吗?当然不是。遵守法则永远都不容易。如果真的这么容易，我们应该很久之前就这么做了。必须要有难度，才有价值。但每一条单独的法则都很简单，容易做到——这正是法则的美妙之处。你可以踌躇满志地想要满足所有法则的要求，也可以选出其中一两条，从它们开始做起。我？我从来没有全部做到过。我半路跌倒的频率和其他人一样高，但我知道该怎么做才能重新站起来。

通过观察他人，我意识到所有这些"生活法则"都是明智的。我个人喜欢那种以"平静地……"开头的建议，但我不知道怎么才能做到。不过"出门之前擦鞋"这种建议对我来说更有意义，因为这是我能做到的，而且更重要的是，我能立即看出其中的逻辑。顺便说一下，我依然觉得擦过的皮鞋会给人留下更好的印象。

实际上，你不会在本书中发现擦鞋这样的规则，也不会看到能鼓舞人心或与新世纪相关的内容。当然，这并不意味着它们不重要，只是因为我觉得切实可行的建议比振奋人心的陈词滥调——比如，时间就是良药，或爱能战胜一切——更好。在我看来，当你真的想做点什么时，陈词滥调起不到让你行动起来的作用。

你即将看到的是可靠的老派常识，没有你不知道的内容。本书不是什么大揭秘，而是一个提醒。它提醒你"生活法则"普遍适用、显而易见且朴实无华。大家不妨遵守这些法则，它们很管用。

所有这一切的美妙之处就在于，是否应用这些法则完全可以归结到个人的选择上。我们每天都要选择是站在天使还是魔鬼的一边。"生活法则"会帮助你选择站在天使的一边，但这并不是必须的。就我个人而言，晚上睡觉时，我会快速总结一下。我希望能对自己说"嗯，美好的一天，表现得不错"，并对自己的成就感到骄傲，而不是感到惋惜，更不是对自己的行为和生活感到不满。我希望带着自己发挥了作用、没有伤害他人、播洒了一些快乐、过得开心、品行良好等感觉入眠。

本书不是为了让大家赚大钱、取得极大的成功而写的。它更关心我们的内在感受，我们对周围人的影响，我们作为朋友、伴侣和父母的角色，甚至是我们对世界的影响，以及我们会留下什么。

有时候，我觉得自己的书有点像我的孩子。我会拍拍他们的头，给他们擦干净鼻涕，然后送他们走向外面的世界。我想知道外界对他们的反馈。因此，如果本书影响了你，或是你自己有一两条我未用到的法则想要分享，永远欢迎你们给我写信。

第一篇

个人法则

我把"生活法则"分成了四类——我们每个个体、我们和我们的伴侣、我们和我们的家人朋友、我们的社交圈——分别代表了我们周围四个无形的圈。

首先要说的，也是最重要的，是针对我们自己的法则，即个人法则。这些法则会帮助我们清晨毫无怨气地顺利起床、乐观地面对这个世界并安全、成功地度过每一天（无论这一天中可能会发生什么）。它们会帮助我们减轻压力、让我们形成正确的价值观、鼓励我们制定自己的标准并确定努力的目标。

我想对我们每个人来说，都需要根据自己的成长经历、年龄和环境来调整这些法则。我们都需要有自己的标准。每个人的标准都不一样，但重要的是要有自己的标准。没有标准，我们就会感到迷茫，无法衡量自己的表现，而有了标准，我们就会更加坚定。在这里，我们可以重新开始、回归本源、养精蓄锐。

当然，这部分也不全是关于标准的，还包括如何开心地享受生活。

RULE 1

法则 1
保密

　　我们即将成为一名"法则玩家"。如果我们选择接受任务，那么我们即将开启的，也许是一场会改变自己一生的冒险。我们会发现一些秘密，它们会让我们做每一件事时都充满了自信、快乐和成就感。因此，无须告诉旁人，请保持安静。没人喜欢自作聪明的人。对，这就是第一条法则：保密。

　　有时候，我们可能很想告诉别人自己正在做什么，因为我们想和他们分享，这很正常。但千万不要这么做。不要给出任何线索，让他们自己慢慢发现。我们也许会觉得这么做不地道，但实际上，这么做比我们想象得更稳妥。如果我们告诉他们，他们就会躲着我们。而且躲避我们的行为恐怕是正确的，毕竟我们每个人都讨厌听人说教。这有点像我们戒烟后，突然发现不吸烟是一种更新鲜、更健康的生活方式，并且坚持让我们所有吸烟的老朋友都改变他们原有的生活方式。但问题是，他们还没做好戒烟的准备，然后我们就会发现自己被他们贴上了自以为是、多管闲事甚至是指手画脚的标签。想想这些标签多招人讨厌啊！

　　因此，第一条法则很简单，就是不要说教、不要宣扬我们的观点、不要试图改变他人、不要广而告之，甚至提都不要提。

改变生活态度，让别人主动问我们做了什么或是正在做什么后，我们会散发出一种温暖的光芒。有人问起时，我们可以说没什么，不过是好天气让我们感到更开心、更快乐、更有活力而已。不必细说，因为人们其实并不想知道细节。实际上，他们想知道的恰恰相反。这又有点像别人问候我们"你好吗"，他们真正想听到的其实就一句话，"挺好的"。即使我们身陷绝望的深渊，他们也只想听到那一句话，因为除此之外的任何回答都要求他们有所表示。而对一句随意的"我们好吗"，他们几乎肯定不想有什么深入的互动。他们只想听到"挺好的"，然后就能忙自己的事情去了。如果我们不说"挺好的"，而是尽情倾诉一番，那么他们恐怕很快就会躲开我们。

这一条法则适用于每一个法则玩家。没人想知道细节，所以请保持安静就好。我们也许会问，我怎么知道？因为我在写那本让很多人都能够光明正大地在职场取得成功的《极简工作法则》（*The Rules of Work*）时，我也提到了这一条，并且发现它很有用。因此，低调行动就好，开心、潇洒地过好每一天，不要和任何人提及此事。

> 不要说教，不要宣扬自己的观点，甚至提都不要提这件事。

法则 2
智慧不一定会随着年龄的增长而增加

有人以为我们年龄越大就会越聪明，但事实恐怕并非如此。我们可能会一如既往地愚笨，犯一大堆错误，不过是新的、不同的错误而已。我们的确会吸取经验教训，因此我们也许不会再犯同样的错误，但生活中有大量的新错误在等着我们。对此，秘诀就是接受现实，在出现新错误时不要苛责自己。法则2 其实就是：把事情搞砸时，对自己好一点。在年岁渐长而智慧却没有随之增加的过程中，宽容并接受现实是必不可少的一种生活态度。

回首往事，我们总能看到自己犯过的错误，但展望将来我们毕竟预见不到将要犯的错误。聪明不在于不犯错，而在于学会在犯错后保持我们的尊严和精神不受影响。

年轻时，我们以为衰老似乎只是发生在老年人身上的事，但其实所有人都逃脱不了。我们别无选择，只能接受这个事实。不管我们从事什么职业、过得怎么样，衰老都是事实，而且随着年岁的增长，这个过程的确会加速。

我们可以这么想，年纪越大，会犯错的领域就越多。由于世间永远存在我们的经验不适用的新领域，在这些领域中我们没有参照和指导，我们就会把事情搞砸、反应过激、犯错。我们越灵活、越喜欢冒险、越热爱生命，要去探索的新领域就会越多，会犯的错自然也就越多。

只要回头看看自己在哪里跌倒过并决心不再犯同样的错误，我们就已经是尽力而为了。记住，任何法则只要适用于我们，便也适用于我们周围的人。他们在变老的过程中也不一定会变得更聪明。一旦接受这一点，我们对自己和他人都会更宽容、更友善。

最后要说的是，时间的确是一剂良药。随着年龄的增长，一切都会越来越好。毕竟我们犯过的错越多，出现新错误的可能性就越小。最好的情况是，如果年轻时已犯过很多错误，那么我们日后要栽的跟头就会少很多。年轻的意义就在于有机会犯错并为将来铺平道路。

> 聪明不在于不犯错，而在于学会在犯错后
> 保持自己的尊严和精神不受影响。

法则 3
接受现实

　　人人都会犯错，有时甚至会铸成大错，但这些错误往往不是有意犯下的，也不是针对个人的。有时候，人们只是不知道自己在做什么。也就是说，如果过去有人对我们不好，并不一定是因为他们故意作恶，而是因为他们和我们其他人一样幼稚、愚蠢，一样是人。他们在抚养我们长大或和我们分手的过程中犯错并不是因为他们想那么做，而是因为他们不知道该怎么做。

　　如果愿意，我们可以放下心中的怨恨、遗憾和愤怒，承认正是这些不愉快的过往让我们变得优秀，而不是否认它们的作用。事已至此，生活却仍要继续。不要给自己的经历贴上"好"和"坏"的标签。我知道，有些事的确是坏事，但任由这些事情影响我们才是真正的"坏"。我们可以把它们憋在心里，任由它们影响我们的心情和健康，让我们心怀怨恨，走不出它们的阴影。我们也可以尝试放下，让它们塑造我们的性格，从正面而非负面来看待它们帮助我们成长。

　　从理论上来说，我的童年很不正常。有一段时间，我心中充满怨恨。我把自己身体虚弱、精神萎靡和发育不良通通归咎于我怪异的成长经历。但当我意识到事已至此，而我可以选择原谅并继续自己的生活时，一切都有了很大的改善。我的兄弟姐妹中，并不是所有人都选择了这种方式。怨恨继续在他们心中积压，直到最终把他们压垮。

事已至此，生活却仍要继续。

对我来说，放下过去很重要。如果想从生活中取得更多收获，我就必须接受不愉快的过往，把它们当成自己重要的一部分，然后继续前行。实际上，我希望它们能帮助我经营好未来的生活，成为我成长路上不可或缺的养分。现在，即便有机会，我也不会改变过去发生的任何事情。是的，回过头去看我的童年的确充满了艰辛和不易，但正是这段经历成就了现在的我。

我想，这种改变发生在我意识到，即使让亏待我的人重新站在我的面前，他们也依旧无法弥补当初的过失的那一刻。我可以大声斥责他们，向他们发泄我当年的委屈，但他们还是无法弥补和纠正当年的错误。他们或许也不得不接受过去的事情，我们彼此都没有退路，唯有向前。就把它当作人生箴言吧：保持前进。

RULE 4

法则 4
接受自己

若能接受过往，我们就能诚实地面对真实的自己。我们无法回到过去，改变任何事情，因而必须接受当前的自己。我并不是建议我们响应类似于"爱自己"这种新时代的号召，这种口号过于宏大。我们先从简单的接受做起吧。接受就是接受，我们不用提升、改变、争取完美，恰恰相反，接受就好。

这意味着接受自己的缺点、情绪波动、脆弱和其他不完美的地方。但这并不表示我们要对自己的方方面面都感到满意。我们要做的，是接受真实的自己，并在此基础上努力。我们不能因为某些不好的方面而自责。我们可以做出很多改变，我会在接下来的章节里提到。

这必须成为一条法则，因为在这个问题上我们没有其他选择。我们必须接受真实的自己，正是经历过的一切造就了现在的我们，如此而已。你和我，和所有人一样，都是普通人。这意味着我们是一个复杂的个体，充满欲望、苦恼、罪过、偶尔的狭隘、错误、坏脾气、粗鲁、叛逆、犹豫甚至反复无常。正是这种复杂让人类变得如此奇妙。

人无完人。我们只能基于真实的自己和我们所具备的条件做出选择，争取每一天都能在一定程度上变得更好。我们能要求自己做的，就是做出这样的选择。我们应保持清醒和警觉，随时准备好去做正确的事，并且接受自己有时候会无能为力这一点。当然，我们每个人都有做得不够的时候。没关系，不要因此自责。振作起来，重新开始，接受自己和所有普通人一样会偶有失败这一点。

我知道，接受真实的自己很难，但从我们接受成为法则玩家挑战的那一刻起，我们就已经在不断进步的路上了。不要给自己挑错，为难自己。相反，接受真实的自己。此刻，我们已经尽力了。拍拍自己的胸口，然后继续前进吧。

> 不用提升、改变、争取完美，恰恰相反，
> 接受就好。

RULE 5

法则 5

知道什么是重要的

陪伴很重要，与人为善很重要，不严重冒犯和伤害他人很重要，但拥有时下流行的最尖端的科技产品并不重要。

抱歉，我并不是对科技有成见。实际上，最新的科技产品我可能都有。我只是不过分依赖其中的任何一种。在我看来，它们只是有用的工具，本身并没有意义，不是地位的象征，也不代表高人一等。

利用有限的生命去做一些有意义的事情很重要。购物本身就是一件有意义的事情，但因为无聊而去购物就失去了它的意义。我们要分清哪些事情重要，哪些不重要；哪些是真实存在的，哪些是虚无缥缈的；哪些有实际意义，哪些没有；哪些会带来好处，哪些不会。这并不意味着我们要放下一切，去蚊虫成灾的泥沼里帮助当地民众抗击疟疾——尽管这本身是一件有意义的事情，但我们不用通过这么极端的方式来让自己的生活变得有意义。

这条法则是指我们要把精力放在重要的事情上，并做出积极的改变，以确保我们对自己的生活感到满意（参见法则 6）。这并不意味着我们要制定一个非常详细的长远规划，而是指我们要知道自己正在朝哪个方向前进，正在做什么，要保持头脑

清醒而不是混沌度日。作家蒂姆 · 福瑞克（Tim Freke）称其
为"清醒地活着"。这个说法完美地总结了我们所讨论的内容。

生活中，有些事情很重要，也有很多事情不重要。区分这
两者并非难事，因为不重要的事往往远多于重要的事。我并不
是说生活中不能有任何琐事——可以有，没关系，只是不要把
琐事误认为是非常重要的事情。拿出时间陪伴爱人和朋友很重
要，看最新的肥皂剧不重要；偿还债务很重要，关注自己用的
洗衣粉是什么牌子不重要；抚养孩子，教给他们真正的价值观
很重要，给他们穿名牌衣服不重要。现在我们该明白了吧。想
想自己做的事情中，哪些是重要的，然后多做这样的事。

> 生活中，有些事情很重要，也有很多事情
> 不重要。

RULE 6

法则 6
确立毕生的追求

要知道生活中哪些事情重要，哪些事情不重要，我们首先得清楚自己的追求是什么。这个问题没有标准答案，完全取决于个人的选择。但和没有明确的答案相比，有一个答案还是非常有用的。

比如，我自己的生活有两个动力：一个是，有人曾对我说，如果离开这个世界时，我唯一有可能带走的是灵魂，那么灵魂理应成为我所拥有的最美好的东西；另一个是我奇怪的成长经历。

至少对我来说，保持灵魂的美好和宗教无关。这句话只是触动了我，引起了我的共鸣。无论我离开时带走的是什么，我都应该努力确保它是我最闪亮的那一部分。这让我陷入了思考：究竟怎么才能做到呢？我至今仍没找到答案。我不断探索、尝试、学习和试错；既主动摸索，也听从他人的建议；既从书本中寻找答案，也用双眼观察这个世界。我用一生来钻研这个问题。但如何在这个层面上改善自己的生活呢？我得出的唯一结论是：活得尽量有尊严、尽量少伤害别人、待人不卑不亢。这就是我一生的追求。

为什么奇怪的成长经历会促使我把精力集中在毕生的追求

上呢？我有一个"不正常"的童年，并且选择了让它成为激励我的动力而不是影响我的阴影。因此我清楚地知道，很多人都需要放下过去的经历，它们已严重影响我们的生活。这也是我毕生的事业。是的，这件事可能有点疯狂，我可能也有点疯狂，但至少我可以把精神集中在一个点上，知道对我来说什么是重要的。

截至目前，我所说的都不是什么大事。我不会到处宣扬"泰普勒一生致力于……"它更多的是静悄悄地存在于我的心里，提醒我应该把精力集中在哪里。它是一把标尺，衡量着我的一举一动。不必四处宣扬，不必告诉任何人（参见法则1），甚至不必想得非常详细，内心知道自己的任务即可。比如，迪士尼的宗旨就是"让人快乐"。确定了毕生的追求后，剩下的事情就会容易得多。

它是一把标尺，衡量着我的一举一动。

RULE 7

法则 7
思维灵活

一旦思维固化、死板、僵硬，我们就输了；一旦自认为知道所有的答案，我们也许就完了；一旦墨守成规，我们就已经成为历史了。

要想在生活中取得更多的成就，就得敞开胸怀，面对所有选择，保持思维和生活的灵活。生活中，暴风雨经常会在我们最意想不到的时候来临，我们必须随时做好抱头逃命的准备。墨守成规只会让我们故步自封，不懂得变通。我们要好好体会这句话的意思。思维灵活有点像精神上的武术：要随时准备好躲闪。不要视生活为敌人，要把它当作友善的拳击陪练。如果灵活应对，我们就会乐趣无穷；如果不懂退让，我们可能会被打倒。

在生活中，我们都有一些固定的行为模式。我们喜欢给自己贴标签，为自己的观点和信念感到骄傲。我们喜欢读固定的几份报纸，看同类型的电视节目或电影，每次都去相同的商店购物，吃适合我们的那一类食物，穿同一种风格的衣服。这都不要紧，但如果把其他可能性都拒之门外，我们就会变得无聊、死板、顽固，最后甚至可能会被生活打倒。

我们要把生活看作是一系列冒险。每一次冒险都是一个收获乐趣、学习知识、探索世界、扩大朋友圈、积累经验、开阔视野的机会。拒绝冒险意味着我们拒绝了这些机会。

在得到冒险机会的那一刻就改变自己的思维方式吧，跳出之前的条条框框，去探索新的可能性。如果这种想法让我们感到恐惧，那么请记住，只要我们愿意，我们永远都可以在尝试结束后回归从前的模式。

但我不会把接受每一次机会作为一项固定的法则，因为这样一来反而就不灵活了嘛。真正的灵活是知道什么时候说"好"，什么时候说"不"。

如果想知道自己的思维有多灵活，这里有一些测试：我们床边的书是我们一直都看的那一类书籍吗？我们是否发现自己说过类似于"我不认识这一类人"或者"我不去那种地方"的话？如果答案是肯定的，那么我们或许就到了拓宽思维、挣脱思维束缚的时候了。

> 不要视生活为敌人，要把它当作友善的拳击陪练。

RULE 8 法则 8
关注外面的世界

我们也许会好奇这条法则为什么会出现在这里，而不是和世界有关的章节里，因为实际上它和我们个人息息相关。关注外面的世界是为了发展我们自己，而不是造福世界。我并不是说我们要时刻关注新闻，但通过看、听、说，我们能紧跟正在发生的动态：时事、音乐、时尚、科学、电影、交通，甚至电视。成功的法则玩家几乎可以参与任何话题的交流，因为他们知道最新动态。我们不一定要掌握所有的最新消息，但我们应该对周围或其他地方的变化或正在发生的事情有大致的了解。

那么，这么做有什么好处呢？首先，它会让我们变得更加有趣，并让我们保持年轻。前几天，我在邮局碰到一位上了年纪的女士。她正在为个人身份识别码发愁。"个人身份识别码，个人身份识别码，都到这个年纪了，我还要个人身份识别码干什么？"答案很简单，她当然需要个人身份识别码。没有个人身份识别码，她就取不出养老金。这不是孤立的现象。我们很容易陷入"我从没这么做过，现在或将来也不需要这么做"的心态。如果这样，我们可能会错过很多精彩。

生活中最幸福、最明智、最成功的人都有一个共同之处，他们都是世界的一部分，而不是与世界隔绝。我们身边最有趣、

最有活力的，正是那些对身边发生的事情有浓厚兴趣的人。有
天早上听广播时，美国监狱部门的一个负责人正在接受采访，
讨论刑罚改革。我个人对这个话题并不感兴趣（我认识的人没
有蹲监狱的）。你可能会说，既然这样，我就不用了解美国监
狱部门的情况了，就像那位上了年纪的女士不必知道个人身份
识别码一样；但我认为，保持好奇心会让我更有活力。这不是
件坏事。

> 关注外面的世界是为了发展我们自己，而
> 非造福世界。

法则 9
站在天使而不是魔鬼的一边

我们每天都会面临很多选择，其中大部分都可以归结为是选择站在天使还是魔鬼的一边。我们会怎么选？或者我们还不太明白？我来解释一下。我们的每一个行动都会影响我们的家庭、身边的人、所处的社会乃至全世界。这种影响可以是有利的，也可以是有害的。这通常取决于我们的选择。有时候，这种选择很艰难，我们会在自己的欲望和他人的利益，也就是个人的满足和慷慨大方之间犹豫不决。

请记住，没人说这是一件容易的事。决定站在天使的一边并不容易，但如果想获得成功，我们就必须有意识地这么做。选择天使而非魔鬼，可能是我们毕生的追求。

> 我们会在自己的欲望和他人的利益之间犹豫不决。

如果想知道自己是否已经做出了选择，我们只需要迅速确认在这些情况下，我们会做何反应：高峰期被人加塞、正在赶时间却被人拦下问路、处在青春期的子女和警察发生了矛盾、朋友借钱不还、领导在同事面前骂我们笨蛋、邻居家的树长到我们家院子里了、不小心拿锤子砸到了自己的手指头，等等。正如我之前所说的，站在天使还是魔鬼的一边是我们时刻都要做的选择，而且必须是有意识地作出的决定才有效。

现在的问题在于没人告诉我们究竟什么是天使，什么是魔鬼。我们要为自己建立一套衡量标准。这并不是多难的一件事，有些标准不言而喻。这么做会伤害或妨碍别人吗？我们是在制造问题还是解决问题？这么做的话情况会改善还是恶化？我们必须独自做出选择。

什么是天使、什么是魔鬼取决于我们自己的理解。由于每个人的定义都不一样，告诉别人他们站在了魔鬼的一边也就毫无意义，因为他们的定义可能和我们的完全不同。其他人怎么做是他们的选择，他们也不会因为我们告诉他们站错了队而感谢我们。当然了，我们可以冷静地观察并暗自想："我不会这么做。"或者，"我觉得他们只是选择了自己的天使。"甚至可以认为："天哪，这么做太烦人了！"但我们不用说出来。

法则 10
只有死鱼才会顺流而下

生活不易，这一条法则是指我们要感谢老天的这种安排。如果生活既轻松又简单，我们便失去了学习、改变和突破自我的机会。如果只有晴天，我们不久就会感到厌倦；如果没有雨天，我们就享受不到雨停后重返沙滩的喜悦；如果诸事顺遂，我们就不会变得更强大。

因此，我们应该感激生活的不易，并意识到只有死鱼才会顺流而下。要想活下来，我们就必须艰难地逆流而上，与瀑布、水坝和湍流做斗争。我们别无选择，要想不被冲走，我们就必须坚持游下去。鱼尾和鱼鳍的每一次摆动都会让我们变得更强大、更健壮、更快乐。

统计数据表明，对很多男性来说，退休不是件好事。很多人退休后没多久就去世了。他们不再乘风破浪、逆流而上，于是便被冲走了。小鱼们，我们一定要一直游，一直游。

试着把每一次挫折都当作一次进步的机会，它们会让我们变得更加强大。我们要量力而为，但我依然感激那些给我带来挑战的艰巨任务。当然，挫折无穷无尽，但两次挫折之间的间歇让我们能够停下来休息一下，享受风平浪静。生活本该如此，挫折与间歇相互交替。无论我们正处于哪个阶段，它都会发生变化。我们现在处于挫折阶段还是间歇阶段呢？被雨困在家里还是正在去海滩的路上？是在学习还是在享受？是一条一动不动的死鱼还是一条随时准备跳跃龙门的鲤鱼？

生活本该如此，挫折与间歇相互交替。

法则 11
不要轻易大喊大叫

对我来说，要做到这一点真的很难。我喜欢吼着说话。我来自一个只有大吼大叫才能让其他人听见或重视我们所说的话的大家庭。不正常？是的。太吵了？的确。有帮助吗？可能没有。

我的一个孩子遗传了这种大喊大叫的基因并且十分擅长，而我不禁想和他一起大喊大叫。幸好这一条法则是不轻易大喊大叫，于是我有了一项免责条款。如果他先大声嚷嚷，我就可以吼回去。但我都尽量不这么做。对我来说，任何形式的吼叫都是不好的，是失去控制、辩论失败的标志。有一次，一位牧师的儿子看到了他父亲的讲道笔记，并在空白处发现了一行铅笔字，上面写着"此处理由不充分，需大喊"。我觉得这是一个很好的总结。

我在各种场合都大喊大叫过，每次都会后悔，无一例外。有一次出去吃饭的时候，在一条非常有名的大街上的家电连锁店里，我因为 DVD 播放器坏了而大声嚷嚷。当时不觉得，现在想起来真是尴尬。

如果你和我一样，遗传了易怒的基因，我们该怎么办呢？我发现，处在即将爆发的状态时，我必须尽快离开现场，防止自己失态。生活中确实会有很多令人不快的情况，尤其当我们知道自己没错的时候，保持不发火非常难。但要记住：每个人都有自己的情绪，我们没有理由朝他们大喊大叫，即便是他们无礼在先。

有两种情况发火并非代表了人们失去自我控制：第一种是我们骑车碾过别人的脚背却还不道歉，不承认错误时，对方当然可以吼我们、大声谴责我们；第二种情况是，有人以愤怒为一种策略而为所欲为。我们可以无视他们，或者坚定自信地控制局面，但我们不能吼回去。

我知道，有很多我们觉得完全有理由大吼大叫的情况：狗偷吃了周末的大餐、孩子不整理房间、电脑系统再次崩溃却迟迟修不好、街头小混混在我们家墙上乱涂乱画、总算排到我们的时候商店却打烊了、有人不经大脑地故意误解我们。

这种例子不胜枚举。但谨记"我不大吼大叫"这条简单的法则，然后照做就好了。如此一来，我们就会因为无论发生什么事都非常冷静而出名，进而得到人们的信任和敬重，并被委以重任。此外，冷静的人更长寿。

大喊大叫是失去自我控制的表现。

法则 12
做自己的顾问

　　我们每个人的内心深处都有一个智慧的源泉，它的名字叫直觉。倾听自己的直觉是一个需要慢慢学习的过程。我们首先要辨别出那个微弱的声音或感受，它会告诉我们自己是否做了不该做的事情。这个声音非常小，要特别安静和专注才能听见。

　　我们也许会把它称为良知。在内心深处，我们知道自己做了不该做的事。我们知道自己应该为此道歉，进行弥补和纠正。我们知道，我也知道自己知道，因为这种声音怎么都摆脱不掉。

　　当我们开始倾听这种微弱的声音，或产生这种感觉时，我们会发现它很有用。它不仅会在事后像鹦鹉一样不断地对我们说"我们又搞砸了"，更重要的是它还会提前告诉我们哪些事情该做，哪些事情不该做。

> 我们知道，我也知道自己知道，因为这种
> 声音怎么都摆脱不掉。

　　在采取行动前试着倾听自己内心的声音，我们会发现这么做很有用。一旦习惯了，我们会发现它越来越简单。想象一下，我们要把一些事情解释给身边的小女孩听时，她会提出的问

题：我们为什么这么做？什么是对，什么是错？我们该这么做吗？我们必须得回答她。通过这番自问自答，我们会发现自己已经知道一切能够知道的和需要知道的答案了。

如果我们要相信一个顾问，这个顾问会是谁？对于所有的事实、经历和知识，我们都可以信手拈来，因此我们才是那个最合适的顾问，毕竟没人能进入我们的内心一探究竟。

这里需要阐明的一点的是，我说的倾听不是倾听我们脑海里的所有想法。不是所有乱七八糟的想法都值得倾听。我指的是我们要倾听一种更平静、更微弱的声音。对有些人来说，它更像是一种感觉，而不是声音。有时候，我们会把它称为直觉。即便是一种声音，它在很多时候也不会发出声来，这和我们的思维不同，思维永远都在喋喋不休。即便直觉发出了声音，它也可能会被思维所产生的滔滔不绝的语言淹没。

倾听内心的声音不是为了预测未来会发生什么。我们不会通过这个过程猜中今晚哪匹马会赢，也不会预知哪位选手会在决赛中得分。重要的是我们即将做的事、我们必须作出的重大决定和我们如何行事背后的原因。如果问过自己，我们就已经知道答案了。

法则 13
不害怕、不惊讶、不犹豫、不怀疑

这一条法则源自 17 世纪的一名武士。这四点是他在生活和剑术上获得成功的关键。

不害怕：生活中没有什么可怕的。如果有，那么我们可能就需要努力克服这种恐惧。我恐高，因此我尽量避免去高处。最近，由于檐槽漏水，我不得不爬上屋顶——我家的房子有三层，有一边是一条很长的陡坡。我咬紧牙关爬上爬下，心中默念"不要怕，不要怕"，直到修好檐槽。自始至终，我都没敢往下看一眼。无论我们害怕的是什么，都要直面它，把它打败。

不惊讶：生活中似乎充满了出人意料的事情。晴天霹雳时有发生。但只要用心观察，我们就会发现，所有风暴来临之前都有征兆。如果能看出这些征兆，事情发生时我们就不会再感到突然。不管我们现在处境如何，情况都会发生变化。生活之所以会让我们吃惊，是因为我们有一半的时间都在昏昏欲睡。时刻保持警惕，就没什么能让我们惊慌失措了。

不犹豫：权衡各种可能性，然后就勇往直前。如果犹豫不决，机会就会溜走。如果花太多时间考虑，我们就永远不会采取真正的行动。只要考虑到了各种可能性，并作出了选择，就不要犹豫，行动起来。这就是秘诀。不犹豫意味着不坐等别人来帮忙或替我们做决定，不犹豫意味着即使存在某种不可避免的后果，也要义无反顾地争取，去享受这个过程。如果什么都不做，等待也是枉然。

不怀疑：一旦下定了决心，就不要再反复考虑了。不要多想，开始享受生活，要放松，要放下，不要担忧，明天终将到来。我们要自信、坚定地按照原定计划，走完自己所选择的道路。不要质疑自己做得对不对，也不要犹豫自己会不会成功。要完全相信自己的判断，并坚持下去。

> 时刻保持警惕，就没什么能让我们惊慌失措了。

法则 14
化遗憾为动力，抓住未来的机会

有时候，我们会说"我对……有一些遗憾"，但实际上却认为生活没有"遗憾"或"如果"，这些话只是一些没用的抱怨。然而，"遗憾"和"如果"有时可能会大有用处——如果我们以它们为契机，从此开始改变的话。

说出"我希望……"这句话时有三种情况。第一种是我们未能利用机会或是与机会擦肩而过。第二种是，看到有人取得不错的成就时，我们希望那个人是我们自己。第三种说的不是我们，而是我们身边的人，这种人游手好闲却永远都是一种要是有机会／运气好的话，"我也……"的心态。对第三种人来说，就算真的遇上千载难逢的好机会，他们也还是会错过。

看到别人的成就时，有人会心怀嫉妒，有人会将其作为激励自己的动力。如果我们发现自己的想法是"真希望我当时……"那么下一步，我们就要学会这样思考："现在，我要……"

我们都回不到从前。比如，如果我们的遗憾是："我真希望像谁谁谁一样在上大学前有一个间隔年，可以去一趟中国。"那么显然，我们无法让时光倒流。但我们能不能现在就休 6 个月的假去中国旅游？我们能不能请一个长一点的假期，和家人一起去？或者能不能制订一个明确的退休计划，把"去中国"这件事排在第一位？

　　显然，如果我们的遗憾是因为在 14 岁那年放弃了当运动员的愿望而没能获得奥运会 400 米金牌的话，那么我们势必无法在 34 岁时弥补这个缺憾。我们能做的就是下决心不让更多的机会溜走。我们可以选择上潜水课，避免再过 20 年后说出"我要是学过潜水就好了"这样的话。

> 看到别人的成就时，有人会心怀嫉妒，有人会将其作为激励自己的动力。

RULE 15

法则 15
放弃也没关系

你听说过有人考驾照考了 35 次都没有考过的故事吗？在佩服他们毅力的同时，我们难道不好奇他们为什么不放弃吗？这些屡考不过的人显然不适合在经常有小孩、老人、小动物和灯柱出没的路上开车。即使他们最后终于通过了考试，我们可能也不想坐他们开的车吧。

实际上，如果这些人说："我不适合开车，我还是骑自行车，或者买公交车季票吧！"我会为他们的自知之明鼓掌。我不会认为他们是逃兵，也不会批评他们缺乏决心或动力。他们只是认识到了自己的局限性而已。

有时候，我们会在错误的道路上越走越远，虽然动机可能是好的。或许只有尝试了，我们才能知道是错的。意识到它无法带领我们到达我们想去的目的地时，承认这个事实一点也不丢脸。当我们意识到学校里的某门课程不适合我们、我们不具备做好这份工作的特质、无法适应新搬去的城市或花在地方议会上的时间影响到了我们的家庭时，要勇敢地说出来。这不是当逃兵，而是勇敢。

当逃兵是指我们因为不肯努力或害怕失败而放弃。我们法则玩家不会当逃兵，我们会坚持到底，不抱怨，不放弃。

但优秀的法则玩家知道自己被打败的时候，如果全世界都正在提醒我们方向错了，那就应该坦率地承认事实，然后换一条路。没有人样样精通，有时候必须要尝试，才能知道是否会成功，而有时候，也许我们的确不适合某个领域。

几年前，英国的一位政府要员在辞职的时候说自己"无法胜任这份工作"。对于她的这番举动，我感到由衷地敬佩。这么做是需要勇气的。也许她的确不擅长领导一个政府部门，但她的诚实、勇气和自知之明已经高出了许多政客一大截。她的事例很好地告诉了我们：在恰当的时候用恰当的方式放弃时，我们表现出来的不是软弱，而是刚毅。

优秀的法则玩家知道自己被打败的时候。

RULE 16

法则 16
从一数到十，或背诵唐诗宋词

无论是过去、现在还是将来，我们一定会因为某个人或某件事而感到很恼火。但我们现在是法则玩家，我们不能让自己的情绪失控。那么，到底该怎么做呢？答案来自古老的智慧。每当我们快要发火的时候，就试着在心里从一数到十，祈祷怒火褪去。这个办法对我十分有效，让我可以在这极其重要的几秒钟里恢复镇静，回想起自己身在何处，自己是谁。一旦恢复理智，冷静下来，我就能找到合适的应对方式。

如果不喜欢数数，我们也可以代之以类似的方式。比如，我们可以默念一首诗，但必须是一首短诗。这就是为什么我建议我们背诵唐诗宋词的原因了。

或者我们可以试着在心中默念："我必须再去一次大海，去欣赏那孤独的大海和天空，我要脱下鞋子和袜子，看看它们会不会被沾湿。"这些话也许会让我们发笑，同时也能让我们冷静下来。

如果有人问了一个我们答不上来的问题怎么办？同样，给自己十秒钟时间。他们会认为我们这么做是非常聪明、深思熟虑的表现（不要告诉他们我们其实是在背诵《水调歌头》）。这也是一种 "先动脑后开口"，停顿能省去不少麻烦。

　　如果我们觉得自己受到了挑衅，同样可先在心里默数十下。有一次，在一个暴力问题严重的地区，因为很饿，我走进了一家炸鱼薯条店。店里有一个好心人悄悄提醒我，出去之后要小心那群坐在墙上的年轻人，他们来者不善。

　　我诚惶诚恐地走了出来，扣好大衣扣子，深吸一口气，然后停下来，看着他们。我一边在心里慢慢地从一开始数数，一边和他们对视，并非常坚定朝他们走去。走到他们面前时，我还没数到十，他们就转身走了。哎呀，那家店的炸鱼和薯条太好吃了！

> 一旦恢复理智，冷静下来，我就能找到合适的应对方式。

法则 17
改变我们能改变的，放下无能为力的

　　时光短暂，这是无法逃避的事实。因此，我们不能把时间浪费在没有意义的事情上。根据我的观察，成功的人把每一秒都过得很充实、很满足。在生活中，他们只关注自己能控制的事情，然后放下剩下那些无能为力的事情。

　　如果有人直接向我们求助，我们可以帮忙，也可以不帮，这是我们的选择。如果全世界都来向我们求助，那我们能做的会非常有限。自责不仅会适得其反，还浪费时间。我不是说我们要无视那些需要帮助的人，而是说我们要认清哪些事情是我们有能力改变的，哪些事情是我们永远都改变不了的。

　　时光如白驹过隙，如果把时间都用在改变那些显然永远都不会发生变化的事情上，我们就是在浪费大好时光。相反，如果把时间花在我们能改变的事情上，那么我们的生活就会变得更丰富、更充实。神奇的是，生活越丰富，我们拥有的时间似乎也会越多。

　　显然，如果团结起来，我们几乎能改变一切，但这条法则针对的是我们个人，所以我们这里所说的是我们个人能够改变的事情。

　　如果和总统或总理是朋友，我们也许能够参与制定影响整个国家的政策；如果和教皇相熟，我们或许可以影响教皇诏书的制定；如果认识一位将军，我们也许能阻止一场战争；如果和某位编辑关系密切，我们的名字可能会出现在报刊杂志上。诸如此类，不胜枚举。那么，我们认识哪些人？我们有什么样的影响力？我们能够通过自己的影响力改变什么？

通常，我们能影响的可能只有我们自己。我们真正能改变的也只有我们自己。从我们自己开始改变，再向外扩散。这样一来，我们就不用浪费时间向别人兜售我们的理念，也无需把时间和精力花在那些我们无法控制或确定不会取得任何成功的事情上。但通过改变自己，我们能保证得到一个结果。

把时间花在我们能改变的事情上。

法则 18

争取把每件事都做到最好

　　这是一项艰巨的任务。如果是工作，就把工作做到人力能及的范围内的最好。如果有了孩子，就尽可能成为最优秀的父母。如果是一名园丁，就要争取做一名最出色的园丁。如果不力争做到最好，那么我们的目标是什么呢？换句话说，如果在着手做某件事或任何事的时候，我们故意把目标定在第二好上，这多悲哀啊。这一条法则非常简单。就以为人父母举例吧。怎么才能成为最优秀的父母呢？当然，这个问题的答案没有对错之分，完全是主观评价。我们认为最优秀的父母意味着什么？好。想想我们的答案，现在我们对自己的期望还会低于我们心中的标准吗？当然不会。

　　我们做的每一件事都是同样的道理。我们要争取做到自己能力范围内的最好。当我们成为裁判，成为专家组成员时，达到那些期望就会变得非常容易，因为它们全部由我们决定。没有其他人能说我们是成功了还是失败了，也没人能为我们即将开始的事业制定标准。

　　如果只有我们能判断自己是否取得了成功，那么我们是不是每次都会给自己打满分呢？可能不会。神奇的是，没人监督我们的时候，我们竟然不会自欺欺人，而是对自己严格要求。

　　给自己制定标准最神奇的地方在于，其他任何人都无法判断我们是对是错，是好是坏。真是让人感到解脱！决心做到最好并为自己制定了相应的标准后，我们要做的不过是定期回顾标准，检查自己做得怎么样。

　　这种标准不用太过详细。比如，我们对做最优秀的父母的理解可以简单到"永远陪伴在他们身边"。无须详细列出每天要对他们说多少遍我们爱他们，或是确保他们每天都能穿上干净的袜子。我们的目标仅仅是"永远陪伴在他们身边"，这就是我们能做到的最好了。如果我们失败了，也只是因为我们没有陪在他们身边。失败不要紧，但我们要以做到最好为目标。

　　我们要做的就是有意识地思考我们正在做的事情，并争取做到最好。其中的秘诀就是知道自己在做什么，并制定某种标准，只有我们能根据这些标准来监督自己的表现。简而言之，就是制定简单可行的目标，并确保我们知道最好和第二好的标准。

　　失败不要紧，但我们要以做到最好为目标。

法则 19
不要追求完美

　　上一条法则让我们争取做到最好。那万一失败了怎么办呢？只要我们尽力了，失败也没关系。我们见过没有任何失败经历的人吗？因此，我们要允许自己失败。不要过分苛求自己，我们和所有人一样，都会不时遭遇失败。

　　如果我们在任何事情上都不是完美主义者，邋遢、懒散、一团糟，对什么都无所谓，那么我们可以跳过这一节。但我很少遇到这样的人。我有一个银匠朋友，他的房间脏乱不堪，但他创作的每一件珠宝都极其精美。我们大部分人都有一些完美主义倾向。

　　我这个设计珠宝的朋友要求每一件作品都要达到完美。任何一件有瑕疵的珠宝，他都不会摆出来卖。但这不代表每当珠宝出现瑕疵时，他就要自责一番。他可能只是意识到并不是每一次都能做到完美，然后就回到座位上，开始打磨下一件作品了。

　　我受不了那些看上去完美的人，他们让我觉得自己一无是处。这种自惭形秽的感觉不好过，对不对？因此，让我们摒弃这种完美主义，在争取做到最好的同时，也承认这个目标并不是每一次都能实现。就像宝石一样，瑕疵让它变得独特。瑕疵也许会导致宝石贬值，但也正是瑕疵证明它们是真正的宝石。

我们所经历的一切成败功过相加的总和，就是现在的我们。如果把不完美的部分从这个等式中去除，我们就不再是我们了。

这一条法则确实和上一条有关，因为我并不是说我们可以因为自己不追求完美而对所有事情都三心二意。作为一名法则玩家，我相信大家不会这么理解我的意思。关键是，只要我们以做到最好为目标，即使偶尔失败了，也不应责怪自己。不仅如此，我们还应该颂扬这些不完美和瑕疵，因为它们是我们重要且必不可少的一部分。相信我，这种心态会为我们的生活增添很多乐趣。

> 颂扬我们的不完美和瑕疵，因为它们是我们重要且必不可少的一部分。

法则 20
不要害怕有梦想

　　这条法则可能看上去非常明显、非常简单，但我们会惊讶地发现，很多人严重限制了他们的梦想。计划要切实可行，但梦想不用。

　　我曾从事博彩业多年。我发现，赌徒通常不会给自己赌输的金额设限，反而会给自己赌赢的金额设限。别问我为什么。我猜赌博成瘾的人的心态有严重问题。他们应该怀着"输光这100块钱就停手"的态度，但结果是，输光100块钱后又把支票换成现金，想把输了的钱赢回来，如此循环往复。

　　我不是在支持赌博，现在不是，将来也不会。赌博不可取。关键是，人们像限制自己赌赢的金额一样限制自己的梦想。而梦想即便是在最坏的情况下也没有害处。不要限制梦想，我们可以有梦想，不管它们多么高不可攀、离谱、宏大、不切实际、不合情理、疯狂、愚蠢、古怪、不理智。

　　我们可以渴望得到自己想要的任何东西。记住，愿望和梦想都是私事，没有愿望警察或梦想医生来检查我们的梦想是否符合实际。这是我们的私人领地，与他人无关。

　　根据我个人的经验，唯一需要注意的是要谨慎，因为我们的愿望和梦想真的有可能实现。那时候，我们要怎么办？

　　很多人以为梦想要切实可行才有意义。但这样一来，梦想就变成了计划，计划完全是另外一回事。我会制订计划，并采取合理的步骤去实现这些计划。但梦想可以不切实际到永远都不太可能实现的地步。当然，不要整天无所事事地做白日梦。最成功的人往往是那些最敢做梦的人。这不仅仅是巧合。

　　　　计划要切实可行，但梦想不用。

法则 21
三思而后行

我向来爱冒险。从长远来看，我不后悔自己做过的事情，因为是它们成就了现在的我，而且反正我们也不知道另一条路会把我们带向何方。但从短期来看，我常常会想："笨蛋！我们为什么没考虑到这一点？"

当然是因为我没有三思而后行。我曾经为了成为一名作家而放弃了一份稳定的好工作。当时，我没想过要过多久自己才能通过写作赚钱，也没有计算房贷、账单、每周采购、油费、宠物食品等花销，还好后来我终于开始靠写作维持生计了。但我想说的是，在那之前的几年里，我过得非常拮据。

我一直害怕自己最后成了那种从不冒险、从不尝试、从不改变、从不成长、从不行动、没有实现梦想的人。这一类人我见得太多，我不想成为他们中的一员。但这些年来，我发现，真正幸福的人愿意冒险，这是当然，但他们会事先做好准备。不要为站在岸上找借口，要去了解水有多深。向他们学习时，我发现这么做会让我变得更加幸福。我满足了自己的愿望，却又不用像过去那样付出沉重的代价。

我过去容易轻信别人的话。朋友和我说"快来，水里特别舒服！加入我们的商业项目／假期／游戏吧"时，我会想都不想就加入他们。但可笑的是，有时候水里其实又冷又脏，浑浊湿腻。也有朋友让我用我自己还没有考虑清楚的方式支持他们。朋友有难，伸出援手是一种本能，但有时候，他们欠的债超出了我们的能力范围，又或者听他们倾诉的时间太长，影响了我们和家人的生活。

　　因此，不管是和朋友一起还是我们独自一人，都要三思而后行。从桥上跳下去之前，先看看水有多深。水里也许的确很舒服，但有时候，站在岸上把脚尖伸进水里感受一下更好。

> 有时候，站在岸上把脚尖伸进水里感受一下更好。

RULE 22
法则 22
不要停留在过去

过去无论发生过什么，都已经是过去了。对于已经过去了的事情，我们无能为力，因此，我们必须把精力放在当前和未来上。停留在过去的吸引力很难抵抗，但无论是难堪的往事还是美好的回忆，我们都要抛诸脑后，因为我们只能活在当下。

如果旧事重提是因为后悔，那么我们要清楚，我们无法回到过去，改变既成事实。我们都曾做过错误的决定，伤害过周围的人。这种伤害一旦造成就无法消除。我们能做的只是不再做这种错误的决定。这是所有人对我们的期望。

如果我们留恋的是过去的辉煌，那么学着珍惜这段回忆，但同时从现在开始继续努力，寻找一种不同的美好时光。如果过去就是比现在好，我们也许可以分析一下这究竟是为什么，是因为金钱、权力、健康、活力、乐趣还是年轻？然后继续前行，去探索其他领域。我们都必须把过去的美好留在身后，去寻找新的挑战，接受新的激励。

早晨醒来后的每一天都是全新的一天。我们可以像在一张全新的画布上作画一样去做我们想做的事。保持热情并非易事，有点像坚持锻炼。最开始那几次无比艰难，但如果坚持住，我们会发现自己在慢跑、步行或者游泳时并不需要刻意地努

力。万事开头难，坚持下去需要极大的专注、热情、付出和
毅力。

　　试着把过去当成一个我们已经不住了的房间。我们可以偶
尔回去看一看，但我们已经不住在那里了。我们可以回去看看，
但那里已不再是我们的家。家是我们现在住的房间。当下的每
一分每一秒都弥足珍贵，不要把太多时间浪费在老房间里。不
要因为忙于回首过去而错过当下正在发生的事情，否则将来我
们又会忙着回忆现在，好奇自己为什么浪费了这段时间。切记，
活在现在，活在此刻。

　　　　　　活在现在，活在此刻。

法则 23
不要活在将来

　　我们觉得将来的自己成功、幸福、富有、有颜、有名、有爱、有事业、摆脱了现在这段糟心的关系、朋友成群、美酒环绕。的确，这些都可以是我们的计划或者梦想。但我们真正拥有的，是现在。此刻即便没有我们渴望的那些东西，我们也要珍惜。记住，充满渴望的确是最甜蜜的事情，心怀梦想也一样，但要意识到，追逐梦想的正是现在的我们。享受我们心怀愿望和渴望的时刻，享受生命，享受我们依然有精力追逐梦想的岁月。

　　活在当下不代表抛弃所有的责任，不代表不管不顾地追求享乐，也不代表跷着二郎腿深呼吸。当然如果我们想这么做的话也没什么。活在当下意味着感激自己活着，并努力从现在开始重视当下，尽情地享受生活。

　　我们无法预测未来的幸福。以"如果"打头的清单是列不完的。如果这样或那样，我们的生活就完美了，是吗？不见得。即便实现了这样或那样的愿望，我们又会产生新的需求，让我们忽略已经拥有的幸福。如果突然发现自己变瘦变美了，我们可能又想变得更富有。我们总有想要却还没有得到的东西。

　　忘掉它们吧。关键是珍惜我们现在所拥有的，同时依然心怀梦想并完成计划。这样，我们会比永远只盯着将来，认为似乎那里才有幸福更幸福。

　　我确实需要减掉几磅，但我也重视现在的自己，珍惜现在所拥有的，因为它们是真实存在的。未来还没有到来，我现在所拥有的至少是真实的，能摸得到的。梦想很美好，现实也很精彩。

梦想很美好，现实也很精彩。

RULE 24

法则 24
时光飞逝，行动起来

每一天，每一秒，时光都在匆匆流逝，并且越来越快。我曾经问一位 84 岁的老人，随着年岁的增加，时间的脚步是不是放慢了一些。老人的回答不太文雅，但他非常明确地和我解释说，时间的流逝非但没有变慢，而且还越来越快了。生活就是这样。如果希望活得成功、幸福、有成就感、有意义、充满惊险和回报，就要努力生活。我相信正在看这本书的我们是希望拥有这样的生活的，否则我们也不会看这本书了。

那么，如何行动起来呢？最简单的办法是，先树立目标，制订计划，拟出一整套能引导我们实现目标的具体行动，然后行动起来。

假设我们是一家大公司的项目经理，公司希望我们组织布置展台。我们先要弄清楚，公司希望通过设立展台得到什么，达到什么目的（比如，卖出 100 件产品、发放免费礼品或吸引 20 位新客户）。然后我们开始制订计划，包括订场地、人员安排，印制文件等。制订好计划后，我们就知道自己需要什么并开始行动了。

与布置展台的项目相比，生活没有太大的不同，不过是规模庞大，同时远比展台更重要而已。

必须行动起来，但如果没有目标或计划，我们就很容易生活得浑浑噩噩。不知道自己想去哪里，想实现什么目标，混沌度日。

但制订目标和计划并不需要剔除生活中的随机性。老实说，我并不会把生活当成一个工作项目。生活是一种充满挑战和回报、令人兴奋、丰富、多元、出乎意料并且非常神奇的经历。但如果想活得精彩，我们得思考一下。不思考，我们很容易漫无目的地随波逐流。

我曾经认为无论发生什么事都没关系，是那种喜欢冒险的宿命论者，为突如其来的一切挑战做好了准备。但我越来越发现有目标，并朝着那个目标努力而不是漫无目的地混沌度日的好处，它大大降低了美好的事物出现在我们生活中的难度。

如果想活得精彩，我们就得思考一下。

RULE 25

法则 25

保持一致

本书第一版出版后，我收到过一封读者来信。信上说，我在书里写的其中一条法则违反了另一条法则。我不会告诉大家是哪一条，我们得像他一样，自己去找。

在这里，我想为自己辩解一下。说出这件事意味着我遵守了那条有关不完美的法则。但不可否认的是，这位读者让我知道了保持一致的重要性。

我从来没有自大到声称自己从来没有违反过书中的所有法则。毕竟它们都是我通过观察他人得出的结论，而非我个人的喜好。因此，我会尽量遵守它们，而且随着年纪越来越大，我遵守法则的频率也越来越高。但这依然不等于我每次都会遵守法则。

不管什么法则，一旦决定遵守，就要尽量坚持下去。选择一条我们会随意离开的道路没有意义。

我发现在这方面，我的孩子帮了我很大的忙。如果和孩子就有分歧的观点进行辩论，我们就可以通过他们发现自己论证中的前后矛盾，或者发现我们对他们的教育和我们自己之前的做法之间的矛盾。不一致和虚伪之间有细微的差别。我们越清楚自己的信仰和背后的原因，就越容易在思想、语言和行动上保持一致。

打个比方，假如我们的孩子指出，我们批评他在背后埋怨同学，但我们自己昨晚却在电话里和我们的母亲吐槽同事，我们可能需要想一想埋怨和迫切需要的发泄之间的不同，然后确保我们对自己和孩子的要求是一致的。

如果我们的态度一致，周围的人也会备感轻松。标准多变的人很难相处，喜怒无常的人也一样。如果家人和朋友不知道我们在不同时间对同一件事情会作何反应，他们就会如履薄冰，除非我们是一位隐士，身边没有家人和朋友。我不是说我们要变得一成不变或无趣，我们的想法、行为和热情可以千变万化，给周围的人带来惊喜，但我们对待他人的行为要可靠、一致。我们可以让周围人的生活更丰富、轻松、美好，或是更黑暗、复杂、令人精疲力竭。我们选哪个？

> 选择一条我们会随意离开的道路没有意义。

法则 26
把每一天都当作重要的日子来打扮

　　把每一天都当作重要的日子来打扮。我这里说的打扮，不是指小时候妈妈叮嘱我们要勤换内衣之类的，当然勤换内衣的确很重要，但我现在想说的不是这种打扮。

　　我们这里所讲到的很多法则都是有意识的选择、决定和认知。做到这些的人头脑清醒，知道自己在做什么，知道自己将去向何方。如果我们也希望自己的生活不仅仅是一连串的随机事件，而是一系列充满刺激的挑战和丰富多彩的经历，那么我们就得保持清醒。

　　要保持清醒，首先要认识到每一天都很重要。起床后梳洗化妆，让自己的外表、心情以及散发出来的气质都美丽清新，然后再穿上干净、利落、优雅、时尚的衣服，就像是去参加面试或朋友的生日聚会一样。如果每一天都精心打扮，那么每一天就都会变得意义非凡。

　　如果我们精心打扮，人们会做出不同的反应，同时我们的回应也会有所不同。这是一个良性循环。我并不是说每天都要盛装出行，让自己感到不自在。我只是说要在穿着打扮上花点心思。

　　那么我们可能会问，周末我们肯定可以放松一点吧？当然，但这不代表我们可以完全不修边幅。周末见朋友和家人时，我们应该让他们看到精神焕发的我们。记住，即便是朋友也不愿意看到一个邋遢、胡子拉碴、不修边幅的我们。如果我们重视每一天，我们的自尊和自信都将发生奇迹般的变化。

也许大家会对这条法则有所怀疑，但我们可以试试看。如果两星期后并没有觉得精神焕发，我们大不了可以回到以前的习惯中去。但我敢保证，我们会心情愉悦，每一天都过得更有活力、更开心、更加精力充沛。

> 如果我们精心打扮，人们就会做出不同的反应，同时我们的回应也会有所不同。

RULE 27

法则 27
有自己的信仰体系

　　我在这里不是建议大家一定要加入某个宗教。我只是想说，有一套信仰体系的人能够比没有的人更好地度过危机和苦难。就这么简单。

　　那么，信仰体系是什么意思呢？这很难用语言来描述。我猜信仰体系是我们对整个世界，包括宇宙和万物的认识。比如，我们认为自己死后会发生什么事情，或者我们在深夜遇到困难时会向谁祈祷。那些知晓生活真理的人，似乎已经搞清楚了这些问题。人们的信仰不尽相同，但只要有信仰，不管它是上帝还是众神，甚至是其他某个物品、某个人，我们都会比那些没有信仰的人生活得更好。

　　我知道大家可能会说："万一我还没找到信仰呢？我该怎么办？"我们可以继续寻找，但一定要尽快结束这个过程。留出一些时间来思考，并确保寻找信仰是我们的重中之重。

　　希望大家能注意到，我不是在建议我们应该有什么信仰体系。只要能在困难的时期支撑我们、解答我们对生活和自己在浩瀚宇宙中的意义的疑惑并让我们感到舒适，什么信仰都可以。

　　我们要对自己的信仰体系感到舒适自在。选择一种严厉地盯着我们的一举一动，并且随时会把我们吓得缴械投降的信仰毫无意义。

我们可能要想一想我们的信仰体系是否会让我们有负罪感或难过，是否要求我们伤害自己的身体或改变我们本来的容貌、根据种族或性别排斥他人或需要正式的仪式才能带给我们它所许诺的舒适？理想的信仰体系不会要求我们以任何形式或方式敬拜、顺从或屈服。这完全取决于我们个人，不过我们每个人的接受程度这一点值得思考。

信仰体系一定和信念有关。我们无需向任何人证明或展示，也无需劝说其他人加入，或向全世界宣传。我们在条件允许的情况下，可以独自思考，树立自己的信仰。

> 我们无需向任何人证明或展示自己的信仰。

法则 28
每天都给自己留一点空间

我们也许都赞同，我们每天都应该有一点属于自己的高质量时间。但我敢打赌我们大部分人没有。即便是独自一人的时候，我们还是会把大量的时间花在为别人担心，关心家人、朋友和爱人上。我们给自己留的时间并不多。我并不是建议我们要做出革命性的、困难的、极端的改变。我的建议很简单，就是每天都留一点空间给自己。哪怕只空出 10 分钟时间（理想情况下是半小时）来考虑自己的事情。就算我们觉得这是一种自私的做法，但这种自私有何不可呢？我们就是船长和动力。我们需要空出时间来给自己充电，自我修复。如果不这样做，我们就无法获得新的活力。我们的发动机会降低速度，我们本人也一样。

那么，在这段时间里，我们该做些什么呢？答案是，什么都不做。这段时间不是用来泡澡、上厕所、沉思、看报纸或睡觉的。在这段时间里，什么都不用做，呼吸就好。我发现，在花园里坐 10 分钟能起到特别好的促进作用。就坐在那里，什么都不想、不做、不担心，只是坐在那里，享受活着的快乐。

我是在十几岁的时候发现这条法则的。我觉得它对消除我的担忧和恐惧很有效。我的母亲常常朝我喊："你在干嘛？"

我也只能回答她："没干嘛。"她就会说："那你过来，我给你找点儿事做。"她还常说："当书呆子可成不了什么事。"我最喜欢听她说的是，"没有人像你一样想这么多。"你又会怎么回答这些问题呢？

我发现，在一段时间里什么都不做真的很重要。一旦变得复杂，它就失去了意义。如果用这段时间来喝咖啡，那么它就变成了咖啡时间，而不是专属于我们的时间；如果用这段时间来听音乐，那么它就变成了音乐时间；如果用这段时间来和人聊天，那么它就变成了社交时间。总之，要保持这段时间简单、空闲、纯粹。

我们需要时间给自己充电，恢复精力。

法则 29

有计划

必须要有计划。计划是我们生活的指南针。计划规定了我们要去哪儿、做什么并在某个时间点之前到达某个地方。计划会赋予我们生活以节奏和力量。如果对自己的生活放任自流，我们很快便会走下坡路。当然，不是所有计划都会有结果。但有计划至少比没有计划更有可能取得成功。

计划表明我们对自己的生活进行过思考，不仅仅是在坐等某些事情的发生。否则，我们会像大多数人一样，完全不思考，永远惊讶于生活中所发生的事情。想想自己要什么，然后制订计划、找到实现目标须采取的措施，最后就行动起来。如果不订好计划，愿望永远只是愿望。

没有计划会怎么样呢？我们会觉得自己的生活"不在控制中"。一旦有了计划，所有的事情都会变得井井有条。一旦有了计划，为实现计划而采取的符合逻辑的措施也会变得容易、可行。

> 如果我们不订好计划，愿望永远只是愿望。

计划和梦想不一样，计划不是我们希望而是我们打算做的事情。有计划意味着我们已经想好要怎么做了。

当然，有计划并不意味着无论发生什么情况，我们都要坚持或严格地遵守既定计划。情况需要的话，我们完全可以检查、改善和调整之前的计划。计划赶不上变化，情况变了，我们也得变，我们的计划也得变。计划的细节不重要，重要的是有计划这一点。

有计划意味着在尘埃落定时，我们能想起来，"我在干嘛？哦对，我想起来了。我的计划是……"这样，我们便能再次回到正轨。

法则 30

有幽默感

　　这一点非常重要。生活不易，如果对所有不如意都耿耿于怀，我们也许会错过真正重要的东西。放下其实并不重要的东西，我们才能重回正轨，而放下的最佳方式就是通过幽默：自嘲，嘲笑我们所处的环境，但永远不要嘲笑别人。

　　我们面临的困境多种多样：担心邻居的看法，关心无法拥有的东西或没有做的事情："天哪！我已经两周没洗车了，隔壁的昨天才洗了车。看来我们真的是太懒了。"如果发现自己经常有类似的想法，那么我们真的应该增加一点幽默感。生活是用来享受阳光的，而不是用来郁闷的。

　　自嘲有两大好处。首先，它能缓和紧张的气氛。其次，它有益身心健康。笑会促使人体释放脑内啡，让我们在心情变好的同时，也让我们对生活的态度更积极。

　　有幽默感不代表时时刻刻都要讲笑话，而是无论生活向我们抛来的是什么，都能够从中找到乐趣，毕竟万事都有其幽默的一面。有一次，我因为车祸而陷入昏迷状态。苏醒过来后，我在病房里疼痛难忍，说了一些粗鲁的话。这时，护士过来掀开窗帘。我发现，外面坐着一位修女。我很尴尬，立即向她道歉。她严肃地看着我，眨了眨眼，然后轻声说："没关系，我自己说过更过分的话。"

生活中，有些事的确荒谬透顶，但要学会找到它们有趣的一面。这是立刻释放压力、消除焦虑和疑问的最佳方式。不信我们试试。

> 无论生活向我们抛来什么，都要看到有趣的一面。

RULE 31

法则 31
相信因果

我们的每一个决定和行动都会直接影响到我们周围的人和我们自己。现世报是存在的。我们的行动将决定我们的生活是快乐还是痛苦，未来的道路是顺遂还是坎坷。如果我们自私、喜欢摆布他人，我们终将自食其果。如果我们总体上有爱心、待人体贴，我们很快就会得到应有的回报，不用等到上天堂或是来世。

相信我，善有善报，恶有恶报。这不是威胁，只是观察后得出的结论。

我知道，我们都能举出一些似乎很成功的卑鄙小人的例子。但在夜里，这些人无法安然入睡。没有人真正爱他们，他们的内心充满孤独和恐惧。那些愿意分享善意和爱的人，也将收获善意和爱。

这有点像那句古老的谚语"人如其食"。从那些经常传播欢笑的人的脸上，我们会看到笑纹和微笑，而在那些喜欢横行霸道、为所欲为、傲慢自大的人身上，我们会看到痛苦和恐惧留下的纹路，它们是面霜、日光浴和整形手术都无法消除的。这就是我们通常所说的相由心生。

所以，行事要谨慎，要小心现世报。如果每件事都能做到问心无愧，我们不仅能安然入睡，还能做个美梦。

每件事都要做到问心无愧。

法则 32
生活可能有点像广告

　　有人曾经说，他在广告上花的钱有一半都浪费了，但他不知道是哪一半。他的意思当然是，如果分不清是哪一半，那么只能继续，同时充分意识到不是所有付出都会有回报。这和生活有点像：不是每一分耕耘都能百分之百地有所收获。有时候很不公平，我们付出了很多努力，却什么都没得到；我们对别人以礼相待，但反过来，似乎所有人都对我们态度粗鲁；我们汗如雨下，别人却无所事事。然而，正因为不知道哪些努力能获得回报，我们必须百分之百地努力。我知道这不公平，但生活本来就不公平。努力终将获得回报，但我们可能永远都不知道这些回报来自我们的哪些努力。

　　我们往往认为自己有时候是运气好，但其实只是我们在很久之前的某些努力得到了回报。我们必须坚持努力，不能以一两次挫折为由就放弃，因为我们不知道哪些挫折重要，哪些挫折不重要。我想这就像寻找珍珠一样。我们必须打开一堆又一堆的牡蛎，才能找到珍珠。

　　不要因为没有看到成果就失去信心。或许再努力一点点，事情就会出现转机。

　　大部分快乐、平和的人都会告诉我们，不能时时刻刻都在计较付出会不会获得回报。总是在意成功和回报会影响我们的身心健康。有时候，也可以仅仅因为喜欢而去做某件事。比如，我喜欢画小型水彩风景画。有时候，有人会建议我参展或卖画。但每次这么做时，我都会以失败告终，还会因此而放弃一段时间。一旦尘埃落定，我又总会重拾画笔。我逐渐意识到，画画对我来说是一件私人的事情。于是，我不再试图卖画或参加展出。画画是我生活中不追求盈利的部分，它不会带来巨大的回报，我只是喜欢而已。

> 我们永远不知道最大的回报来自哪些努力。

RULE 33

法则 33
走出舒适区

　　每天都要做好勇敢一点的准备，否则，我们会变得停滞、迂腐。每个人都有一个温暖、安全、干燥的舒适区，但我们必须经常走出这个舒适区，去接受外面的挑战和刺激。这样做我们才能保持年轻和自信。

　　如果过于依赖舒适区，它可能会开始缩小，或在某一天土崩瓦解。生活不允许我们沾沾自喜，它常常会刺激我们一下，让我们保持清醒。如果我们会偶尔练习扩大自己的舒适区，那么那些刺激就不会太强烈、太突然，以至于我们无所适从——我们已经准备好了，所以能够适应这些变化。

　　当然，走出舒适区的含义远远不只这些。走出舒适区会让我们更加自信地面对每一天。最好的一点是，我们可以非常轻松地做到这一点，不用采取一些夸张的方式。它也许非常简单，就是自愿做一些以前从未做过、让我们略微有些紧张的事情，比如，学习一项新运动，或培养一个新爱好。它也可能会涉及其他情况，比如，独自做一件我们之前只和别人一起做过的事，或是在我们通常都会保持沉默的情况下勇敢地发表自己的看法。

　　说到底，其实是我们给了自己大量的限制。我们认为自己不能做这做那，不会从某件事情中得到快乐。走出舒适区会让我们摆脱对自己的限制，保持学习和成长。如果经历越来越丰富，我们就不会变得迂腐。

> 走出舒适区会让我们变得更加自信。

RULE 34

法则 34

学会提问

　　我们也许不喜欢答案，但至少我们要知道答案是什么。世界上的大多数问题都来源于假设。如果总是对自己的假设信以为真，我们其实离真正的答案已相去甚远。假设我们掌握的错误信息是事实，事情往往会进一步恶化。假设别人喜欢我们的方案但事实却并非如此，那么问题就出现了。最好是从一开始就大胆提问，摸清情况。

　　提问有助于让情况变得明朗。问题会让人有压力，也就是说会促使他们思考。无论是对任何人、任何事，思考都是好事。有问就要有答，作答则意味着深入思考，并得出符合逻辑的结论。

　　正如一个非常博学、我非常敬重的朋友对我说的那样，越了解他人的信仰、行为和欲求，越有可能做出正确的反应、在必要时改变自己的想法并取得成功。

　　提问让我们有思考的时间和喘气的机会。最好是提出问题并找出真相，而不是自以为了解情况，大发雷霆。通过提问，我们更能合乎逻辑、平静、正确地应对。

　　我们总能分辨真正依据法则行事的人：在其他人急于应对、惊慌失措、误解形势、假设、失控、表现糟糕的时候，这些人会提问并找到正确答案。

　　要不断问自己。为什么觉得自己是对的或错的？为什么想做某些事、想要某些东西、遵守某个步骤？要严格反省，因为别人不会替我们反省，而且我们需要反省。我们所有人都需要。它有助于我们摒弃成见。

　　当然，有时候要停止发问，不管是对我们自己还是对他人的发问。要学会辨别这些时刻和场合。当然，这些都需要很长时间去学习，在此期间我们会犯很多错误。

　　　　　　提问有助于理清思路。

RULE 35

法则 35
保持庄重

我曾观察成功人士多年。当然，这里的成功不仅仅是指钱多和名声大。我认识的最成功的一个人生活极其简朴，深居简出，但按照真正重要的标准，即快乐、平和、知足来看，他的确取得了成功。这种人永远不会失去内心的那份快乐。

几乎所有成功人士都有保持庄重的意识。这是什么意思呢？这是指他们内心强大，知道自己是谁，想要什么。他们无须炫耀，吹嘘自己的成就和身份。他们不必成为关注的焦点，因为他们对其他人的看法不是特别感兴趣。他们对按照自己的方式生活乐此不疲。他们恪守礼仪，并不是因为他们害怕自己表现愚蠢或出洋相，而是因为他们真的不在乎吸引关注这种事。

保持镇定、举止庄严、不随大流、礼貌体贴、做一个让别人仰视的人很重要，但也不必过于冷漠、严肃、老成。我们依然可以找乐子，只是要掌握分寸，不能让自己显得低俗无趣。

庄重就是自尊自重。当我们自尊自重时，别人会更加尊敬、重视我们。

> 庄重就是自尊自重。

法则 36
情绪波动没问题

　　专注于保持庄重或内心平和时，我们可能会认为情绪波动起伏是不好的。但事实并非如此。情绪波动其实很正常。有人惹我们不高兴时，我们自然会生气；痛失所爱时，我们自然会悲痛万分。极大的喜悦、惊恐、焦虑、释然、兴奋、不安等都是正常的。

　　我们是人类，我们会有情绪。这很正常。所以，有强烈的情绪波动很正常，情感外露也没关系。我们不必为自己的感受而感到羞愧。想哭就哭，掩盖情绪不可取，它们只会受到压抑。痛快地把情绪发泄出来，解决问题，然后继续前行才是好的解决办法。

　　如果我们正处在打击、难过和困难中，那么那种认为自己必须掩盖情绪，否则就会被人认为是脆弱或失控的想法肯定对我们起不到任何帮助作用。我知道，这也许看上去和我们保持庄重的法则背道而驰，但有情绪不等于不庄重，除非是以不恰当的方式，或是在错误的时间宣泄了自己的情绪。

　　有时候，甚至连生气也是合理的，只要我们不要失控，不要做事后也许会后悔的事。表现出愤怒可以提醒人们，我们不是好欺负的，他们严重伤害或冒犯了我们，他们的行为给我们造成了极大的痛苦。当然，我们不该为了鸡毛蒜皮的小事生气，而应该在有必要，并且是非常有必要时才表现出我们的愤怒。同样，我们不该迁怒于无辜的人。如果无法恰当地表达愤怒，那么我们就需要找到一种不会伤害其他人的发泄方式。但一定要发泄出来，压抑愤怒会让我们逐渐丧失理智。

不应长期压抑的情绪除愤怒外，还有焦虑、恐惧、愉悦等。情绪激动不代表失控，我们能够在情绪激动的同时，控制我们要表达的内容。如果没有情绪，就不是人类了。有情绪是正常的，我们不应试图克制它们。当然，我们得确保在合适的时间和场合发泄情绪，但这要在我们的控制范围内。万一搞砸了，事后我们肯定会后悔，不过这也没什么大不了的。

> 掩盖情绪不可取，它们只会受到压抑。

法则 37
保持信念

RULE 37

保持信念是指坚持自己的承诺、自豪并坚定地走进黑暗、知道自己的选择是对的，且在朋友遇到困难时自己能伸出援手。这些看起来过时的品质——正义感、忠诚、信任、骄傲、诚实可靠、坚韧不拔、有洞察力——其实都弥足珍贵。无论在什么年代，遵守诺言和值得信赖都会让我们与众不同。

我们总是在努力避免当一个"好人"，因为怕被别人误认为是"伪善"。但保持信念完全是另一回事。保持信念是我们自己的事，而伪善是试图改变他人。有自己的价值观并对其保密没问题，但试图让所有人都和我们一样就不应该了。这么做就会让我们变得伪善。

当然我不是伪善，因为我只是把信息提供给了大家，并没有试图改变大家。是否采纳这些法则完全取决于大家。但我可以保证，我会保持信念，我今天给大家的建议，将和我20年后给大家的一模一样。那些古老的品质永远不会过时（或许是因为它们一直都是过时的），我不会让大家失望。

> 保持信念是我们自己的事，试图改变他人就是伪善。

法则 38
世间事，总有我们不明白的

人类不过是宇宙中的沧海一粟。相信我，我们永远都无法完全理解这个世界上的一切。而且这一点也适用于生活的所有层面和领域。一旦明白了这一点，我们晚上就会安然入睡。

可能我们身边现在就有一些事情稍稍超出了我们的理解范围。有人行为古怪，我们完全不知道为什么；事情出乎意料地不顺或顺利，我们却一头雾水。这时候，如果耗费时间和精力去刨根问底，寻找答案，我们可能就会把自己逼疯。更好的解决办法是，接受总有我们不明白的事情这一点，然后不再想它。多简单啊！

对于所谓的大事也一样。为什么会发生这种事？我们为什么要来这里？我们要去哪里？对于这类问题，有些我们永远都找不到答案，有些即便我们通过努力找到了答案，或许也和我们的期望相去甚远。

这就好像生活是一把大锯子，而我们只能摸到它左下角的那一部分，然后我们就如盲人摸象一样会得出一个与真相相去甚远的结论。当面纱被揭去，我们才会发现它其实是一把大锯子，和我们想象得完全不同。

我们现在收集信息的速度远比处理信息的速度快。我们不可能明白所有信息，甚至连些许理解都做不到。生活也是一样，周围的变化太快，我们永远无法一探究竟。因为即便我们迅速尝试并理解了它们，情况还是在不断变化，随着新信息的出现，我们的理解也会变。

　　好奇、提问、独自琢磨，愿意的话也可以和他人交流，但要知道，即便我们这么做了，也不会永远都能得到一个明确、具体的答案。很多事本身就没有意义，生活也是如此。该放手时就放手，知道自己永远都不会什么都懂会让我们的内心平静下来。有时候，现实就是这样。

> 总会有人行为古怪。事情会出意料地不顺或顺利。

法则 39
知道真正的幸福源自哪里

别误会，这条法则并不是要揭晓人类寻求已久的问题——幸福从哪里来的答案。但是我知道哪里找不到幸福。而且，我的确有些关于幸福从何而来的小提示。想象这样一个场景：我们带上钱出门买东西，看到自己喜欢的东西后便毫不犹豫地买了下来，它有一种神奇的魔力，让我们感到快乐和满足。那么当时制造这些东西的人，是什么心情呢？我想，他们当时的心境和我们买到东西时的感受是一样的。

或者想象我们坠入了爱河。这种感觉非常奇妙。我们的内心充满了喜悦、幸福和兴奋。看到我们的恋人时，这种感觉会放大并且蔓延出去。我们觉得很神奇，以为是恋人使我们产生了这种感觉。可事实是这样吗？当然不是。其实这种感觉一直都在我们的心里，可能只是因为遇见我们的恋人这件事激活了这种感觉。但即便我们没有遇到任何人，这种感觉也还是会在我们的心里。

又比如我们被解雇了。我们灰头土脸地走出办公室，觉得自己一文不值。这种挫败感从何而来？它其实也来自于我们的内心。每个人都能体会被炒鱿鱼后的沮丧和坠入爱河后的甜蜜。

  但无论是哪一次买东西、谈恋爱还是丢工作，我们对此的感觉都不会持续太久。有的人购物成瘾或疯狂谈恋爱就是因为他们没有意识到，自己喜欢的那种感觉其实一直深藏在自己心中，却认为要保持这种感觉，就要不停地购物或恋爱。我们要如何不借助于其他任何人或物来触发那种感觉呢？具体该怎么做，我也不知道，大家得自己去发现。但还是给大家一个线索吧：幸福就在那个被我们忽视的小角落里——没错，就在我们的身体里。

  幸福就潜藏在我们的身体里。

法则 40
生活是一块比萨

我爱我的孩子,喜欢读书给他们听,和他们一起玩,看着他们长大,听他们说话。

但请注意,我讨厌跟在他们后面收拾残局,听他们吵架,听他们用那种只会出现在青少年身上的不屑一顾的方式和我说话。但似乎没有收拾残局、争吵和偶尔的刻薄言辞,我也就享受不到那些美好了。

我喜欢比萨,酥脆的和松软的都喜欢,配料也几乎是来者不拒,香肠、番茄、火腿肠、辣椒、洋葱一概没问题。但我讨厌橄榄,有时候我没点橄榄,它们也会出现在我的比萨上,这感觉真是糟糕。我偶尔还会看到那些番茄干,太难嚼了。我总是会把它们挑出来扔掉。

孩子还小的时候,如果比萨上有任何他们不喜欢的东西,他们就不愿意吃比萨。他们会哭着说:"我讨厌蘑菇!"或是"真受不了番茄干。"但他们终究要学会的一点是,如果受不了蘑菇和番茄干,他们就没比萨可吃。

我想大家已经明白我的意思了。是的,生活就像是一块比萨,好的和不好的都在上面。如果想吃那些好吃的,我们就必须接受那些不好吃的东西。如果我们很喜欢自己的工作,只是不喜欢和其中的某个人打交道，我们就得意识到它们是一个整体，我们要么接受，要么辞职。如果我们很爱我们的另一半，却讨厌她在争吵后生闷气，那就试着去接受这样的她，并把她的生气当作是一种提醒，让我们知道她的其他方面是多么完美。如果我们的邻居十分友好，甚至会在我们不在家时帮我们照看房子、签收快递、照顾孩子，那么我们就得忍受她话太多的这个事实，不再抱怨。不抱怨了，我们可能就会发现自己其实没那么在意。

我知道，有的父母把孩子从一个学校转到另一个学校，只是为了找到一个各方面都完美的地方。但他们永远都找不到这样的地方，而且他们最终不得不放弃，因为孩子们都已经长大了。我不是说转学不好，而是说不要追求完美，因为我们永远都不会如愿。生活本身就不完美。

生活中最美好的东西总是伴随着难嚼的番茄干和橄榄。怨天尤人毫无意义，我们要么扔掉它们，要么一口吞下，然后再细细品味剩下的美味。

> 生活中最美好的东西总是伴随着难嚼的番茄干和橄榄。

法则 41
有一个愿意见到我们的人或动物

　　我认识一个养灵缇犬的朋友。每当她回到家，那些灵缇犬就会兴高采烈地来迎接她，这也许就是狗狗的天性吧。不管你这个主人是否尽职，它们看到我们时都会那么高兴。我们肯定希望自己的另一半在我们回家时也表现得欣喜不已。我相信他们一定是这样的，对吧？当他们回家时，我们一定也是这么表现的，对吧？

　　我们都需要一个愿意见到我们的人，这会让我们觉得在一切的风雨都是值得的。每当我出差一两天后回到家时，我真的很喜欢孩子们众星拱月般地站在我的四周，伸出手，脸上露出那种"你给我带礼物了吗"的可爱表情的时刻。

　　还有就是他们从学校回来，我们问他们这一天过得怎么样时，他们也许会嘟囔着回答我们，尽管有些不耐烦，但我们能看出他们还是非常高兴的。对他们来说，我们就是那个愿意见到他们的人。

　　我们需要的是一个人或一只宠物，而不是冰冷的电视。我儿子宣称他养的壁虎看到他时总是很高兴。不过，我努力想从那只壁虎的脸上发现丝毫的情绪波动，但均以失败告终。

　　有一个愿意见到我们的人或动物很重要，因为它会让我们有一种被需要的感觉，让我们的生活有了目标，让我们不再只顾着自己，并且会敦促我们尽力去生活。但如果我们没有宠物，也没有孩子怎么办呢？当志愿者或做慈善也是一个非常好的办法，能够让我们很快就获得这种被需要的感觉。

即便是独自住在伦敦的一个邻居之间几乎不怎么说话的社区，我的一个朋友还是发现，离她家不远处住着一个身有残疾的退休老人。她注意到，她下班回家经过老人家门前时，他大多数时候都会找借口"恰好在门口"。他显然有些孤独，希望能够和她闲聊一两句，他总是期待地看着她。那么，那个期待见到我们的人是谁呢？

> 我们都需要一个愿意见到我们的人。这让我们觉得一切都是值得的。

法则 42
知道何时放手，何时离开

有时候，离开才是正确的选择。我们都讨厌失败、讨厌放弃、讨厌投降。我们喜欢面对生活的挑战，并努力赢得挑战。但有时候，失败不可避免。我们要学会认识这些时刻，然后达观地耸耸肩，骄傲、有尊严地离开。

有时候，我们渴望做的事情不切实际。这时，与其一次次跌倒，倒不如学会离开。然后我们会发现，身上的压力小了很多。

如果一段关系已经到了要结束的时候，我们就不该再留恋。因为纠缠只会拖延双方的时间，其次也会造成伤害。我们要学会放手，学会离开。如果爱情已死，那就离开它。在这段关系还健康的时候，我们当然不该这么做，但到了结束的时候，这么做就能够保护我们，并让彼此成长。这和旁人无关，完全是为了我们自己。如果爱情已经逝去，就不要每隔五分钟就检查一下，看它还有没有脉搏。爱情死了，那就离开。

我们也许想报复，但请不要这么做，请不要发怒，而是平静地走开。这比一味地追求报复要好得多，因为这表明，我们已经走出了把我们逼得发疯的阴影。完全忽视一件事，将它彻底抛在脑后，这其实就是最完美的报复。

放手和离开意味着我们能很好地控制自己的情绪。我们掌握着决定权，不是被操控的对象。

我不想显得无礼，但是我们的问题——当然也包括我的问题——在这浩瀚的宇宙中完全是微不足道的。现在潇洒地走开，十年后再回首，我们会发现自己甚至都想不起来当初的执着是为了什么。这不是一场"时间是最好的解药"的圣战，但把我们和我们的问题用空间和时间隔开后，我们的视野会变得更宽阔。因此，大步离开，留出空间，时间也会及时出现在那里。

> 如果爱情已经逝去，就不要每隔五分钟就检查一下，看它还有没有脉搏。爱情死了，那就离开。

RULE 43

法则 43
报复会导致冲突升级

现在，我打算实话实说，我其实不是非常宽容的人，无法容忍谎言。坦率地说，如果有人惹到我的话，我的第一反应是以牙还牙。年轻的时候，我甚至偶尔会因为这种事打架。即便是在我学会不再挑起事端或是允许别人向我挑衅后，我还是会忍不住进行口头还击或是采取小小的报复行动。

是的，这很难。如果邻居砍倒了我们的树，即便我们并不喜欢那棵树，但我们还是会感到愤愤不平，想报复地砍掉他们家一棵已经伸进我们家院子里的树。又或者，同事把我们想出来的创意当作是自己的功劳，我们便报复她，直到最后一刻才跟她提及其手上项目的最后期限提前了，或是到处和别人说上个月那个糟糕的展览就是她的主意。

但是，请三思而后行（我做到了，相信大家也可以）。一个砍掉了我们的树或窃取了我们创意的人，是不会对我们小小的报复行为逆来顺受的。接下来，他可能会用推土机铲平我们的车库，或是想方设法地让我们丢掉工作。

然后，我们又会怎么做呢？炸了他的汽车？请律师？这一切会不会失控？

实际上，我是从我的孩子身上吸取这个教训的。兄弟姐妹间的争吵通常都很坦率，所以事态的发展比成年人快得多。成年人会用好几天甚至好几个月的时间来酝酿。

在兄弟姐妹们之间，小分歧升级到全面战争只需要几分钟。

看，报复只会导致冲突升级。历史上的战争的开端也多是如此。所以，我们在处理邻里和工作上的人际关系时也要小心谨慎，不论我们是否喜欢他们。

那么，如何结束这种冲突呢？只有其中一方足够成熟，意识到该后退一步时，才能打破冤冤相报的循环。必须有一方忍让，从道德的角度出发，成熟地叫停冲突，把整件事都抛到一边。是的，甚至连口头还击也不要有。有时候，什么都不做，什么都不说更好。

> 一个砍掉了我们的树或窃取了我们的创意的人，是不会对我们小小的报复行为逆来顺受的。

RULE 44

法则 44

照顾好自己

　　我们就是船长。如果我们病了，谁来驾驶我们这艘船？没人能代替我们，所以我们必须照顾好自己。我不会说教式地让大家早睡、多吃蔬菜、多锻炼之类的，因为我自己也没有做到这些。但这并不代表我们不该这么做，它们的确是好习惯。

　　定期体检能及时发现我们身体的潜在病症，防患于未然。我每年都体检一次。另外，我觉得有些食物会加速我们的新陈代谢，让我们能量爆棚、精神百倍；而有些食物则会让我们萎靡不振、脂肪堆积、行动迟缓。它们甚至会导致我们动脉堵塞，给身体造成长期损害。选择权完全在我们，但健康的食物有助于我们的身体这台机器的运转，垃圾食品则会妨碍它的运转。

　　睡眠也是一个道理。睡眠不足会让人疲惫，睡太多又会让人没精打采。刚刚好的睡眠会让我们充满活力。回笼觉让我们神志模糊，不赖床则会让我们元气满满。如何选择，全由我们决定。不会再有人站在我们的身后，检查我们的脸洗得干不干净、鞋擦没擦过。我们已经是成年人了，一切都要靠我们自己。这种感觉很棒对不对，但这意味着我们也要承担一切责任。

　　法则玩家饮食健康、作息规律、经常运动（网络游戏不算）。他们会远离可能有害的环境，也知道如何远离危险，避免威胁，他们会照顾好自己。

> 我们已经是成年人了，一切都要靠我们
> 自己。

这就是我所说的照顾好自己。不要依赖别人来确保我们自己吃得健康规律、干净清爽地出门、定期运动。长大是美好的。只要我们愿意，我们可以通宵狂欢，也可以选择照顾好自己。

法则 45
时刻保持礼貌

在《英国人的言行潜法则》（*Watch the English*）一书中，作者凯特·福克斯（Kate Fox）观察到，哪怕是买报纸这样的小举动，都至少包括大约三次"请"和两次"谢谢"。是的，英国人非常有礼貌。这么做有问题吗？我们每天都要与很多人打交道，礼貌是一件好事。法则玩家任何时候都会保持礼貌。为了防止遇到麻烦，我们得知道什么是礼貌的行为。

很多人都自认为很礼貌。但越着急，压力越大，我们越容易忽略礼貌。扪心自问的话，我们所有人都会承认曾在疲惫不堪的时候忘记恰当地表示感谢，或在着急赶公交车时想要推开前面步履蹒跚的老人。

不管多着急、多担心，我们始终都应该努力保持如下的礼貌举止：

• 有序排队，勿推搡；

• 必要（且对方值得）时不要吝啬我们的赞美（无需口是心非地赞美他人）；

• 不多管闲事；

• 信守承诺；

• 保守秘密；

- 遵守基本的餐桌礼仪（拜托，就是我们都知道的那些规矩：不要把胳膊肘放在餐桌上、不要在嘴里有东西时和别人讲话、不要一口吃太多、不要用刀拨弄豌豆等）；

- 被人挡住路时不要大喊大叫；

- 挡住别人的路时要表示歉意；

- 举止文雅；

- 不骂人，不亵渎宗教；

- 为他人开门；

- 人流拥挤时往后站；

- 回应交谈对象；

- 说"早安"；

- 接受他人的帮助后要记得感谢对方；

- 热情友好；

- 观察其他群体的礼貌行为；

- 与人用餐时不要独占最后一块蛋糕；

- 谦逊迷人；

- 为客人准备茶点并送客到门口。

不管与他人的日常交往多么琐碎细微，都不要忘记我们的礼貌和教养。保持礼貌，不花费一分一毫，就能激发起很多善意，并让所有人的生活都变得更加快乐。

礼貌一些是件好事。

法则 46

经常清理物品

为什么要这么做？因为杂物会让我们的房间、生活和思绪都凌乱不堪。房间凌乱标志着主人的思绪凌乱。但法则玩家思绪清晰、直率，他们绝不会收集没用的东西。偶尔清理部分废弃物品也许是个好办法，否则它们就会影响我们的情绪，很多地方就会出现越来越多的蜘蛛网。

清理旧物让我们有机会丢掉不能用的、坏掉的、过期的、不酷的、无法清洁的、多余的和难看的物品。毕竟威廉·莫里斯（William Morris）曾经说过，不要让没有用又不美好的东西出现在我们家里。大清理会让我们恢复元气，并让我们意识到自己收集的是什么，而在本书中能让我们自省的一切都是有益处的。

我注意到，事业成功和事业停滞不前的人之间有一个区别。成功的人有着卓越的清理能力，而难以获得飞速发展的人却还收着很多黑色塑料袋，里面装着从慈善商店里买回来的没用的东西。这些东西他们从来没扔过，甚至买回来后都没打开过。他们的柜子里堆满了占地方的废旧物品，抽屉里塞满了坏掉的东西，衣柜里放满了再也穿不进去或因为过时已久而再也不会穿的衣服。

　　清理旧物会给我们带来一种"卸掉负担"的感觉。家里的空间会变大，我们会发现自己掌握了更多的主动权，摆脱了那种因为到处都堆满了东西而带来的压迫感。我们的家不一定要一尘不染，不一定要摆满名牌家具，或是一种极简主义风格。我建议的是，如果我们想知道是什么在拖我们的后腿，答案或许就在我们家洗碗槽下面的柜子里、床下面或客房衣橱最上面的架子上。

> 废弃物品会影响我们的情绪，很多地方会
> 出现越来越多的蜘蛛网。

RULE 47

法则 47

记得回归本源

在回归本源之前，我们得知道本源是什么。本源是家，是让我们有归属感，感受到舒适、安全、关爱、安慰和信任的地方。本源是我们因为知道有人会照顾我们，所以能脱掉鞋（这可以是一个比喻，也可以是一个真实的动作），安心休息的任何地方。

我们的生活越来越忙碌、疯狂。在这种忙碌中，我们忽略了自己原来的方向、计划和目标。本源就是回到初心，制订计划。本源是我们迷失前所在的地方。

回到本源很可能是重新发现我们的根，知道我们的家人是谁、我们来自哪里、我们真正的背景是什么。在一个所有人都四海为家的时代，这尤其重要。踌躇满志，想要摆脱出身的限制这一点很好，但知道自己的身份和过去也很重要。有时候，我们可以从一些已经非常著名或富有的人身上感受到这一点。他们往往会试图否认自己的过去，伪造自己的出身，这种做法使他们显得肤浅和虚伪。

对我们来说，本源也许是我们长大的地方，它会让我们想起成长的感受——那些希望和恐惧——和年少时的自己。本源也或许是一个人，比如一个能提醒我们曾经是什么样子的老友。

　　当然，可能并不是每一个人都清楚自己的过去，我们要考虑到这一点。我们或许是被收养的，但即便如此，我们也是在某个地方长大的。不管我们属于哪种情况，只要用心寻找，总会有一个让我们感到踏实的地方。它不一定是我们出生或长大的地方。如果真的觉得很难，我们甚至可以给自己创造一个新的本源。无论是什么地方，只要能让我们感到安全就可以。

　　在某些时刻，我们都需要和一些人待在一起，或是去某些地方，因为此时的我们可以做自己，不用解释、证明、介绍自己的背景或留下好印象。这就是回到本源的乐趣。在那里，我们会被无条件地接受，周围的一切都会让我们想起什么才是真正重要的。回到本源后，我们会好奇，我们究竟为什么离开了这么久。

　　本源是我们迷失前所在的地方。

RULE 48

法则 48
划定个人界限

个人界限是我们在自己周围画出来的界限，除非受到邀请，否则他人不应逾越这些想象中的界限，无论是身体上和精神上的。我们都有权享有尊重、隐私、体面、善意、关爱和真相等。如果有人越界或模糊界限，我们就有权站出来说："我不会容忍你们这么做。"

但我们首先得画出界线。我们得知道自己能容忍什么，不能容忍什么。我们得先在脑海中划定边界，之后才能希望他人尊重我们的界限。

我们对自己的界限越是笃定坚持，他人就越难影响到我们。界限越清楚，我们越会明白他人的生活和我们并无多大关系，不再觉得事事都是针对自己的。

我们有权享有基本的自尊。如果连我们自己都不尊重自己，就不要指望他人会尊重我们。要尊重自己，我们首先要对自己是谁有清楚的认识。划定界限是认识自己这个过程中的一个重要环节。在划定界限时，我们必须知道哪些界限是重要的。界限一旦划定，我们就要坚定不移地去巩固它们。

划定个人界限意味着我们不用再害怕他人。我们清楚地知道自己会接受什么，不会接受什么。一旦有人越界，说出"我不希望你们这么对我说话"就会变得非常简单。

> 划定个人界限意味着我们不用再害怕他人。

　　我们也许可以从和家人的相处开始"划定界限"。多年来，我们形成了固定的行为模式。比如，每次看望父母离开时，我们都会因为他们的指责而心情沮丧。我们可以改变这种情况，对自己说："我再也不忍了。"然后，停止默默忍受，说出我们的想法，说我们不喜欢他们指责我们、训斥我们、贬低我们。我们已经是成年人了，有权受到尊重和鼓励。

　　划定个人界限让我们能够抵抗强势、粗鲁、咄咄逼人、想占我们便宜和居心叵测地想利用我们的人。成功的人知道自己的价值，不会被他人混淆视听。成功的人分得清什么是情感绑架，分得清那些虚情假意、自己懦弱、说谎上瘾且需要通过贬低别人来抬高自己的人。一旦划定了界限，坚决捍卫界限的难度就会大大降低。

法则 49
重视品质而非价格

我必须承认，这是我妻子教我的，我永远感谢她。对我来说，根据价格决定买不买某样东西是一件很自然的事。或许男人都是这样的。想好需要买什么后，我会挑最便宜的下手，并对自己的节省沾沾自喜。但事后，我总是对买到的东西不满意。它们要么容易坏，要么没有效果，或是没过多久就显得很劣质。图便宜让我的生活一片混乱。我需要学习品质购物的艺术。

总体来说：

- 只挑最好的，永远不要退而求其次；
- 如果买不起，就不要买，或是等到攒够钱了再买；
- 如果必须买，就买能力范围内最好的。

看上去很容易，对吧？但对我来说可没那么简单。我花了很长时间才真正领悟。并不是因为我不在意品质，而是因为我易冲动：如果我觉得自己需要某样东西，我就想马上得到。如果买不起最好的，我就会买最便宜的。我们很多人都不喜欢谈论金钱，也不喜欢吹嘘自己花多少钱买了什么，而是认为能买到便宜货就很爽了。但现在，我不这么认为。

如果买不起，就不要买。

追求品质并不代表我们爱慕虚荣、寅吃卯粮——如果买不起，就不要买。追求品质意味着我们欣赏更美好的东西，因为它们：

- 更耐用；
- 更结实；
- 做工精美。

这意味着我们不用经常更换，实际上是从中省钱了。它们还会改善我们的形象和心情。

现在，我已经对这一条法则形成依赖了。我真的很享受买东西之前的那种期待。我确定自己要买一样东西是因为它的品质，而不仅仅是因为它的价格。我还是会四处寻找便宜货，但不同之处在于，我是准备在高品质的东西中挑选价格最低的。

法则 50
可以担心，也可以知道怎么不担心

　　未来充满不确定性和神秘感，令人害怕。如果从不担心，就不是人类了。我们担心自己的健康、父母、孩子、朋友、感情、工作和花销。我们担心自己变得更老、更胖、更穷、更疲惫，以及魅力、健康、思维的灵活性等不如当年。我们担心的事情中，有的重要，有的不重要。有时候，我们还会对自己什么都不担心而感到担心。

　　看，担心真的没什么，只要确实有事情值得担心。如果什么都不担心，那我们只是在增加皱纹——这可是会让我们显老哦！

　　第一步，我们要确定对于自己所担心的事情，自己是否可以做些什么。我们通常可以采取符合逻辑的措施来消除这种忧虑。我担心人们不会采取这些措施，也就是说他们选择停留在担忧的状态中，而不是去摆脱它。

　　如果我们感到担忧，那么请采取如下措施：

- 获得切实可行的建议；
- 掌握最新信息；
- 行动起来，执行一切有建设性的行动。

　　如果我们担心自己的健康，就去看医生；如果我们担心花销，就制定预算，理智消费；如果我们担心自己的体重，就去健身，少吃多动；如果我们担心走失的小猫，就去给兽医、警察或当地的动物救助站打电话；如果我们担心自己变老——好吧，这种担心毫无意义，因为不管我们担心与否，这都是事实。

> 我们只是在增加皱纹——它会让我们
> 显老哦！

如果什么都做不了（或者我们是一个无时无刻不在担心的人，甚至已经接近神经质了），唯一的解决办法就是分散注意力。米哈里·奇克森特米海伊（Mihaly Csikszentmihalyi）发现了一种叫"心流"的精神状态。在这种状态下，我们会专注于自己正在做的事情，完全沉浸在其中，对外部事件几乎浑然不知。这是一种愉快的经历，能够彻底消除担忧。他还提出："当至少有一个人愿意倾听我们的烦恼时，我们的生活品质就会得到极大的提高。"

法则 51
保持年轻态

　　我之前的确说过，不要为自己越来越老而担心，因为我们无能为力，这是不可避免的。那为什么又列出这条保持年轻态的法则呢？这是因为，所有人都必须面对身体渐渐老去的事实，那种通过无休止的手术等方式来延缓衰老的行为毫无意义。相比之下，在精神和情感上保持年轻态更可取。比利·康诺利（Billy Connolly）曾在一场演出期间对自己弯腰捡东西时，身体发出一种老年人弯腰时会发出的那种咕哝声，有过一番冷嘲式的表述，他说他不知道自己是从什么时候开始发出那种声音的，它就这么出现了。有些声音和行为显示我们老了，比如，外出时把自己裹得严严实实，以防感冒；进门后确保要脱掉外套，即便我们马上又要出门；总是说："我今年还要去老地方度假。"

　　我昨天读到一个故事，说的是一名男子带着父亲在希腊的岛上背包旅行。他说自己的父亲已经 78 岁了，但他自己还跟不上老人的脚步。这就是我所说的保持年轻。我认识一个 60 多岁的老太太，她说自己现在的心态和 21 岁的时候一模一样。这也是我所说的保持年轻态。

　　保持年轻就是尝试新事物，不抱怨，不把老年人会说的话挂在嘴边；不一味地选择保守的选项；与时俱进，不会因为自认为年纪太大而放弃骑自行车这种运动。

保持年轻态就是尝试新的口味、新的度假地和新的风格；思维开放；不要变得保守，而对越来越多的事感到不满；不要满足于现状。保持年轻态就是以新鲜的视角看待这个世界，保持好奇、积极进取、富有冒险精神。

保持年轻态是一种心态。

> 保持年轻态就是尝试新的口味、新的度假地和新的风格。

法则 52
钱不是万能的

多年前我在某行业工作时，但凡有麻烦事发生，我的老板就会叹一口气，然后让我们拿钱把事情摆平。在工作上，拿钱解决问题这个办法很奏效，但生活中的问题没那么简单，往往需要我们亲自去解决。我们很多人总是以为只需要出钱就能解决所有问题，从不想办法真的付出时间和精力去思考解决办法。

让咱们再回到衰老的问题上。我们也许以为花钱整容就可以避免衰老，但实际上，它仅仅是延缓了衰老这个过程，而且还可能会导致更严重的问题。相比之下，培养良好的心态，并且体面、优雅地接受现实才是上策。如果我们在意的人心情不好，我们当然可以花钱买礼物让他们高兴，但更有效（并且更经济）的办法是抽出时间陪他们出去走走，询问原委，让他们有机会倾诉。

我们总是以为多花点钱，问题就解决了。但有时候，我们需要用老式方法，付出时间和精力去处理问题。就像我们的爷爷奶奶辈一样，他们不会因为东西坏了就扔掉买新的，而是会耐心地坐下来，努力地找出哪里坏了，判断有没有办法修好。这种方式不仅适用于手表或家用电器，也适用于情感问题。

花钱解决问题会让我们觉得自己很威风，但在盲目砸钱之前，我们可能需要后退一步，看看能不能换一种方式，更好地解决问题。我和大家一样，习惯花钱买方便。买车的时候，我买的通常是那种价钱贵、性能不稳定、维修成本高的车。当车（不可避免地）出了问题的时候，我不得不花大价钱拖车和修车。如果我后退一步，首先考虑这辆车适不适合我，问题就简单多了。现在就算花钱也解决不了问题，只是把问题再次发生的时间推迟了。下次车再坏了时，我们又得为当初的任性买单。

> 花钱解决不了问题，只是把问题再次发生
> 的时间推迟了。

RULE 53

法则 53
独立思考

这一条法则看似是老生常谈，但又确实不得不提。独立思考的意思是我们要非常清楚自己的观点和定位，并坚定地维护自己的观点。这样一来，我们就不容易被他人的看法所左右。切实做到这一点比想象中要难。我们的内心都很脆弱。我们都有恐惧和担忧。我们都希望有人爱我们，接受我们。我们都希望融入群体，得到认可，有归属感。总而言之，我们倾向于变成别人希望中的模样。

有创意、与众不同会让我们觉得自己太显眼，会被"枪打出头鸟"。但真正成功的人是不会被当作出头鸟中枪的。相反，他们会因为自己的创意和与众不同成为领袖。如果我们自命不凡、言行粗鲁，那么我们的确会中枪。但如果我们友好、周到、关心和尊重他人，我们就会获得他人的喜爱和接受。如果我们同时有独特的想法，我们更是会受人敬重和赞赏。

要独立思考，我们必须非常清楚自己是谁，并在想法和行为上有明确的自我意识，不能让脑子里像浆糊一样理不清。

我有个朋友非常精明，但她的所有观点都来自一份全国性的报纸。在一个问题上，那份报纸是什么态度，她就是什么态度。她完全相信这份报纸，不知道自己的观点多么容易被猜到。

她会清楚有力地表达自己的观点，逻辑非常清楚，但她的观点永远和那份报纸一致。我们身上或多或少地都有她的影子，因而需要偶尔改变我们接受信息的渠道，以确保我们的观点新颖、独到。

当然，独立思考意味着我们必须有值得思考的事情，需要我们真正去思考。想想我们认识的某一群人。如果他们的生活井井有条，我敢说他们这两点都做到了。如果他们生活一团糟，我敢说这两点他们都没做到。

我们都希望融入群体，得到认可，有归属感。

法则 54
我们不是生活这部戏的总导演

如果这一点让大家感到震惊，我表示歉意，但很多时候我们的确不是总导演，不管我们多么希望自己是，多么相信自己是，多么坚定地认为自己应该是。我们不是总导演并不意味着其他人是。或许我们所有人都坐在同一辆没有司机的失控列车上，也或许其实是有司机的（司机也许疯了、喝醉了或睡着了，不过这完全是另一回事）。

一旦承认自己不是一切的总导演，我们便可以放下很多东西。我们不会抱怨"为什么不是这样"，而是接受现实，让事情过去。我们不用撞南墙，可以双手插袋，吹着口哨走开。毕竟我们不是总导演，因此无需承担责任。

当我们意识到我们来这里是为了享受而不是负责的时候，我们便可以自由地多享受阳光，乐得轻松。

看吧，好事和坏事都会发生。也许有司机，也许没有。我们可以责怪司机，如果我们愿意的话。我们也可以接受如果没有司机，旅程将有时可怕、有时刺激、有时枯燥、有时美好这一点（实际上，无论有没有司机，这些都成立）。无论是好事还是坏事，我们都必须接受。这是事实。如果我们是总导演，我们可能会干涉太多，把大部分不好的事情都处理掉了，开玩笑地说，这可能会导致人类因为缺乏挑战、缺乏动力、缺乏刺激而停滞不前灭绝了。毕竟正是那些不好的事情激励了我们，让我们不断地学习，给了我们活下去的理由。如果一帆风顺，我们的生活会空洞、无聊得吓人。

但对于这一条，有一个小小的条件。我们也许不是生活这部戏的总导演，但这并不代表我们完全不用负责任。我们依然有自己的义务——尊重我们生活的这个世界和同我们一起生活在里面的人——只是不对整部戏和它涉及的方方面面负全责。

别当自己是总导演，可以像看电影一样，去欣赏刺激或伤感的情节，并在恐怖画面出现时躲起来。但我们不是总导演，也不是放映员，甚至连引座员都不是。我们只是观众，所以好好欣赏这部戏吧。

> 一旦接受我们不是总导演这一点，我们便
> 能够放下。

法则 55
拥有一些能让我们忘却烦恼的东西

  我之前提到的那个朋友非常依赖她收养的几只灵缇犬。无论心情多么不好、工作多么辛苦、生活多么狗血或新换的发型多么令人不满，在回家受到那些被她救下的灵缇犬的热烈欢迎时，她都会觉得这一切都是值得的。乌云散去，她瞬间恢复心情，重新变得冷静、快乐，感受到被爱。

  对我来说，让我忘却烦恼的是我的孩子和我住的地方。尽管孩子们有时候会让我抓狂，但他们看待世界的方式和成长的过程依然让我觉得很神奇。至于住的地方，我只要一想到回家，就会感到大受鼓舞、精神焕发。

  我们每个人都会有让自己受到鼓舞的东西。它会给我们非常积极的影响。它也许是一个观点、一个人、一只宠物、一个小孩，或者是能让我们重获信心的一本书或一部电影；它也许是我们通过诸如朝拜或冥想这样的仪式而达到的一种心境，或是让我们心情愉悦的一段音乐；对有些人来说，它是重新整理收集的邮票，对其他一些人来说，它是做慈善或当志愿者的行为。

  无论它是什么，我们一定要有。我们要去了解它并利用它，因为即便有一段音乐能让我们心情愉悦，但如果我们不放出来听，又有什么用呢？

无论是宠物狗、孩子或是在疗养院和一个孤独的老人之间的一次交谈，必须得有东西让我们意识到眼前糟糕的一切没有那么重要，并提醒我们生活中还存在着那些简单的快乐。

> 即便有一段音乐能让我们心情愉悦，但如果我们不偶尔放出来听，又有什么用呢？

法则 56
只有好人才会觉得内疚

坏人是不会觉得自己有错的。他们要忙着做坏事。好人之所以会觉得内疚是因为他们会意识到自己让人失望了、犯错了或某件事搞砸了。好人有良知，坏人没有。如果我们觉得愧疚，这是个好现象，表明了我们走在正轨上。但我们得知道如何去处理这种情况，因为内疚只是一种情绪，光内疚是没有意义的。

我们有两种选择：纠正错误或放下内疚感。是的，人非圣贤，孰能无过。如果有良知，我们有时候就会感到愧疚。但不能带来向好的方向发展的行动的内疚毫无意义。如果并不想在内疚的基础上采取行动，那我们还不如想点其他的。

我们要做的第一件事是判断我们究竟需不需要感到内疚。或许我们感到内疚只是因为我们的良知或责任感过于强烈了。如果我们是经常主动请缨的那种人，那么我们就没有必要因为这一次拒绝而感到内疚。我们有权选择做什么，不做什么，无需为此感到内疚。

如果我们的确有理由内疚，那就尽可能去纠正错误吧。这是最简单的解决办法，如果错误无法纠正，那么我们至少要吸取教训、下定决心、放下愧疚感、继续前进。如果愧疚感一直折磨着我们，我们就必须想办法把它抛在身后。

如果我们感到愧疚，这是个好现象。

RULE 57

法则 57
没有好话说就什么都别说

抱怨、批评和指责都很容易，赞美却很难。现在，就把它当作一项巨大的挑战吧。不容易说出赞美的话语是因为我们天生就倾向于抱怨。如果有人问我们周末露营怎么样，我们会向他抱怨天气不好、露营场地有问题或者隔壁车里的人有多讨厌，这会比我们跟他分享与好友在一起的喜悦要简单多了。朋友问起我们与上司相处得怎么样时，我们总是会先想到他们不好的地方，而不是好的地方。

再讨厌的人也有好的一面。我们的任务就是找到这一面并强调，说出来，让它引起关注。面对看似困难的情况也一样。我记得看到过一个故事，讲的是一个人在巴黎大罢工期间乘坐地铁时的经历。当时一片混乱，人们相互推搡，情况很吓人。一名女子弯下腰对她带着的一个小孩说："亲爱的，这就是他们所说的冒险。"后来，这句话成了我在遇到危机和困难时的口头禅。

如果我们被问到对某个人、某件事或某个地方的看法，我们要找好听的、夸奖的和正面的话说。大量证据表明，乐观的心态大有裨益，但最明显的是人们会在不知不觉中被乐观的人吸引。我们都喜欢和乐观、积极、快乐及自信的人在一起。

　　显然，说好话也意味着我们不会在背后说人闲话，不会说长道短、信口雌黄、搬弄是非、言语粗鲁和怨天尤人（我们可以指出存在的缺陷和问题，但要有建设性）。

　　开口前，试着去发现好的方面。它会让我们的生活得到改善。如果尝试过后发现实在找不到好话说，那就什么也别说。

　　亲爱的，这就是他们所说的冒险。

第二篇

爱情法则

　　我们都需要爱与被爱。我们绝大多数人都希望从一段感情中获得舒适和亲密感。我们不是孤岛，都需要与最亲密的人一起分享快乐与忧伤，这是人的本性。如果没有付出和获得回报的需求，我们人类就不会变得现在这么出色了。

　　但我们很容易在爱情中犯错，因此我们需要一些看似老套的法则来指引我们。

　　我们的确需要帮助，并且有时候换一个稍微有所不同的角度看待问题是有好处的。本篇会介绍一些不同寻常的法则，它们会让我们从全新的角度去思考爱情。

　　这些法则中没有一条是革命性的，但它们都是我从一些人那里观察到的。这些人的爱情持久并能彼此滋养。

法则 58

求同存异

男女之间是有区别的。傻瓜才会否认这一点。但男女之间的差异并没有严重到致使我们分属不同的物种或来自不同的星球。其实，男女之间的相同之处多过不同之处。珍惜双方之间的共同点并接受存在的差异，我们与另一半的相处也许会好很多。

一段感情好比是一个最初只有两个人（后来也许会因为很多下级成员的加入而壮大）的团队，每个人都会把自己的才能、技巧和资源带进这段感情里。每一个团队都需要有具备不同素质的人去达成不同的目标，共同推动一个项目取得成功。如果双方都是强势的领导者，都能迅速做出决策，都容易头脑发热，那么谁来负责细节，完成项目？谁来具体实施，而不仅仅是提出创意？我们要看到男女之间的差别能带来的好处！把这些不同看作是特殊的才能，它们可能会成为有效的工具，让我们的团队运转得更好。

有共同点会如何呢？它们可能是非常棒的体验（相同的观点和品位），但它们并不总是能让生活变得简单。如果我们都是真正的领导者，那么我们可能都会去争夺掌舵者的位置。这时候，我们应该商议，达成一致，轮流掌舵。我们应该妥善利用共同点，让它们点燃我们的激情，并让我们的感情变得特别且成功。

一对情侣就是一个团队。和各自奔向不同的方向相比，把共同的才能结合起来会让我们走得更远、更轻松。剥开为了武装自己在外面包裹的层层外衣，我们都是普通人，都有感到害怕和脆弱的时候。如果只关注和放大差异，我们可能会失去那个本可以让这段旅程变得更有趣的人。网络上那些愚蠢的段子根本没用，真实的生活并不是它们说的那样。

不要将彼此视为异类。

法则 59
给另一半空间，让他们做自己

　　我们常常会爱上独立、坚强、自律、经历丰富的人。但一旦和这个人在一起后，我们就会忍不住想改变她／他。如果她／他继续表现得很独立，我们就会变得嫉妒。爱情仿佛制约了她／他，让她／他失去了翅膀。

　　在我们遇见她／他之前，她／他活得很好。从我们遇见她／他的那一刻起，我们就在不断地给她／他各种建议，开始限制她／他的选择、梦想和自由。我们必须后退一步，给她／他做自己的自由。

　　很多人说，爱情的魔力已经消失殆尽，生活中不再有火花，两人间心生隔阂。如果稍微深入地观察一下，我们会发现，这些情侣其实陷入了一种充斥着不信任、压迫和侵犯的共生关系中，他们完全不给对方空间。

　　那么，我们应如何做呢？首先，要像初次相识那样看待她／他。是什么吸引了我们？他们有什么特别的地方？是什么引起了我们的兴趣？

　　现在再看看我们的另一半。她／他有变化吗？什么消失了，什么被取代了？她／他还是当初那个独立的她／他，还是我们已经侵蚀了她／他的空间、自信、独立和活力？这听上去也许有些刺耳，但我们往往会不自觉地控制我们的伴侣，致使他们失去先前的魅力。

我们要鼓励我们的另一半适当地走出只有彼此的空间，去重新发现她／他自己的能量和活力。有时，我们可能要做一个旁观者，避免再次限制她／他。绝大部分成功的感情都有很重要的一个因素，那就是独立。两人分头行动，再给感情注入新的活力。这才是成熟的、健康的。

> 是什么吸引了我们？她／他有什么特别的地方？是什么引起了我们的兴趣？

RULE 60

法则 60
相敬如宾

在忙碌的生活中，在朝夕相处的争吵中，我们很容易忘记自己是和一个真实的大活人生活在一起。我们容易认为他人的付出是理所当然的，忘记感谢他们、称赞他们，对他们说"请"。我们举止粗鲁，不作为，忽略他们，不自觉地表现出他们好像是空气一样。

要让爱情保鲜，我们必须重新开始，变得谦恭有礼；重新以懂得尊重、举止得体的个体的身份向对方介绍自己；重新变得亲切、友好、文明。只要有必要，我们都要向对方说"请"和"谢谢"，哪怕每天都要说很多次。要习惯在特殊的日子里给对方准备礼物，并用心听对方说话。

要关心对方的健康、利益、梦想、希望、工作量、兴趣和喜悦。花时间帮助她／他、关心她／他的需求、陪在她／他身边。什么都不用做，只需静静地倾听，让她／他知道我们依然爱她／他。不要因为忽视而毁了我们之间的感情。

我们总是对亲近的人苛刻，对陌生人友好。我们会在生活的忙碌中忽视自己的另一半。但实际上，我们对待自己的另一半应该比对其他所有人都要好。毕竟，这应该是这个世界上对我们最重要的人了，向她／他表明这一点非常重要。

　　我读到过一个故事，是关于一个男人不断给自己妻子买包的故事。他买的包永远不合适，不是不够大，就是不耐用。妻子尝试向他解释她很乐意自己买包，但这个男人坚持认为自己的品位比妻子的好。最后，他的妻子也给他买了一个包，这件事让他闭上了嘴。她并没有通过发脾气来解决问题，而是用幽默和智慧获得了良好的结果。聪明！

　　　　重新开始，变得谦恭有礼。

法则 61
让对方进入没有我们的世界

　　情侣不一定要有一模一样的想法、感受和反应。我注意到，最好的爱情是不管两人在不在一起，感情都十分牢固；最好的爱情是双方都支持对方的兴趣，即便那不是自己的兴趣。

　　支持对方和对方想做的事情意味着我们不能感到嫉妒、不信任或气愤。我们得做好准备：她/他会变得独立、坚强，并将经常进入没有我们的世界。这可能有点难，可能需要我们做出很大的努力。这可能是一次真正的考验，我们有多在乎对方，以及我们会变得多有保护欲都会表现出来。

　　我们给予、允许或鼓励的自由越多，我们从另一半那里得到回应的可能性就越大。如果对方觉得自己得到了鼓励和信任，那么她/他因为受束缚而"出轨"的可能性就会小很多。我们越是支持她/他，她/他就越会觉得自己受到了善待。这是好事。

　　但如果我们不同意我们的另一半想做的事情，该怎么办？恐怕我们得反省了。我们的另一半是独立的个体，有权做她/他想做的任何事情（假设不是会伤害到我们或严重影响我们感情的事情，如和其他人发生关系或犯罪），我们只能支持。我们可能需要问一下自己，对方想做的事情的哪一点让我们难以接受。这个问题可能更多的是和我们有关，而不是和我们的另一半有关。

我们要问自己，如果对方做了这件事，最严重的后果可能是什么？弄脏地板、破坏花园或花钱买了我们其实并不想要的东西这一类的事情一周就过去了。然后再和她/他离我们而去，或是失望、闷闷不乐地和我们生活在一起比较一下。哪个后果更严重？

当然，对方说想做某件事并不代表她真的会去做。然而，一些非常顽固的人更有可能会因为我们反对他们提到的一切而坚持去做那些事情。

如果往后看法则64，我们就会知道应该怎么做到对另一半比对最好的朋友更好。支持就是其中一个重要方式。我们总会忘记我们的另一半是一个独立的个体，他们也有梦想、计划和尚未实现的抱负。我们要做的是鼓励她/他找到自己的道路，实现那些抱负，帮助她/他充分发挥潜力，让她/他感到完整和心满意足，而不是指责她/他、嘲笑她/他的梦想、贬低她/他的计划或嘲笑她/他的抱负，也不是阻碍她/他、干扰她/他、给她/他制造障碍或以任何方式限制她/他。我们要做的是鼓励我们的另一半展翅高飞。

我们得做好准备：她/他会变得独立、坚强、并将经常进入没有我们的世界。

法则 62

率先道歉

　　谁先挑起争吵的、为什么争吵、谁对谁错，这些都不重要。发生争吵时，双方都会表现得如被宠坏的孩子一样不讲道理。这时候，双方应该停止争吵，立即回房间冷静一下。其实，时不时发生争吵是很自然的一件事。从现在起，如果想坚定地遵守法则，我们就要率先道歉。为什么要这么做？因为法则玩家就是这么做的。我们率先道歉，并引以为豪，因为我们知道，即使说了对不起，也不会有损我们的尊严。我们不会感到威胁和挑战，觉得自己软弱。我们可以既道歉，又保留自己的尊严。

　　我们说对不起是因为我们感到抱歉。我们为自己加入争吵，忘记了至少五条本应遵守的法则而感到抱歉。

　　明白了吧？只要发生了争吵，哪怕是鸡毛蒜皮的小事，也是因为我们犯了一些非常重要的错误，因而需要我们率先道歉。我们为争吵这件事道歉，不管是为什么争吵。我们先道歉是因为我们品德高尚、为人善良、宽容大度、有尊严、成熟和聪明。是的，我们虽然已经这么优秀了，但还是要说抱歉。这简直是有些离谱的要求。但试着这么做之后我们就会发现，做到这点后，我们的视野是多么开阔。

　　如果争吵的双方都在看这本书怎么办？天哪，那我们千万不能让对方知道（法则 1），然后再抢着当第一个道歉的人。
这可太有意思了。有这样的情况可一定要告诉我！

　　道歉好处多多，虽然它可能令人难以启齿。除了让我们在
道德上占据优势外，它还能够缓解紧张的关系、摆脱不良情绪
和消除误会。很可能，我们先道歉后，对方也会跟着道歉。

　　记住，我们道歉并不是因为我们有什么罪过或失态的地
方，而是因为我们不成熟、大发雷霆、忘记了法则以及我们的
顽固不化、言语粗鲁、争强好胜和孩子气等。现在我们可以从
冷战的房间里出来了。

> 我们可以既道歉，又保留自己的尊严。

RULE 63

法则 63
为了让对方高兴做出额外的努力

什么？我们必须率先道歉、鼓励支持他们、给他们自由、礼貌友好，然后现在又要为了让对方高兴而做出额外的努力？真是见鬼。然而，在任何一个外人看来，我们这么做一定是出于爱。我们自己也会认为，我们只会为了自己真正在乎的人这么做。完全正确。因为对方是这个世界上对我们来说最重要的人，我们爱恋、珍惜、在乎的人，所以我们才会为了让这个人高兴而做出额外的努力。这一切都是为了我们的爱人、伴侣、宝贝、灵魂伴侣、情人和挚友。那么，还犹豫什么？怎么还不开始行动？

那么如果我们愿意，具体应该怎么做呢？简单：提前考虑。对生日的安排不要仅限于一份礼物、一张卡片、一束花或在酒吧里喝几杯。想想他们在生日、节假日和周年纪念日喜欢什么，可能想要什么。要努力想，找出他们真正喜欢的东西，然后送给他们。我说的和钱无关，只是为了给他们惊喜、找到能让他们高兴的小东西并表现出我们很在乎他们。提前安排，让他们知道他们对我们来说有多么特殊，我们有多么在乎他们。

这就是想办法用超出常规、超出对方预期的方式让他们开心。同时，这也是我们展现自己的温柔、体贴和创造力的机会。

没时间？那就检查一下我们的日常安排。有什么事能比让我们
的恋人、伴侣和朋友高兴还重要？

还犹豫什么？怎么还不开始行动？

法则 64
知道何时该倾听，何时该行动

　　我不知道是不是对我们男性来说，学习这一条法则更难，反正我觉得很难。无论何时，只要有人遇到问题，我总是想助他们一臂之力。我究竟能为他们做什么不重要，只要我做了，任何事情都可以。

　　但实际上，很多时候我只需要坐下来倾听。妻子告诉我她碰到的麻烦和问题，并不一定是指望我能彰显大男子气概，救她于水火之中。她需要的是一个心怀同情的倾听者、一个哭泣时可以依靠的肩膀、一句"啊，你肯定很难过"的回应和我全部的注意力。而我通常是一听到问题，就迫不及待地想知道怎么解决问题。

　　对我来说，遇到问题时，我不想听到什么安慰或者鼓励。我只想要解决办法，并希望有人提供帮助。

　　但这是因为我的问题都和某样东西有关，只需要实际的解决方案。而我听到的最难处理的问题都是和人有关的，它们需要的解决方式完全不同。知道何时倾听、何时行动起来真的是一项很有用的生活技巧。我依然需要忍住不行动，而不是打断正在和我讲述他们所遇到的问题的人，说一句"好了，我知道该怎么办了"，然后飞快地跑去取我的工具箱。

当然，有些问题实际上没有解决办法。别人告诉我们这些问题时，他们需要我们做的其实就是表示出同情、悲伤和震惊等。知道什么时候该表示同情，什么时候该递上工具箱是一项需要学习的技巧，也是法则玩家必须要学习的（是的，我承认，我自己依然会经常搞错）。

> 知道什么时候该表示同情，什么时候该递上工具箱是一项需要学习的技巧。

RULE 65

法则 65
对两个人在一起的生活充满热情

　　两人相知、相恋，最后决定共度余生，但彼此的决心有多大呢？我是认真的，不是开玩笑。仅仅是住在一起，消磨时光，没有真正的交融恐怕是不够的。我们必须对两个人在一起的生活充满热情。是的，热情。一起生活意味着建立紧密的纽带、分享彼此的经历和制造梦想中的浪漫。在爱情里，不能半死不活，不能沉沉睡去（甚至连打盹都不行）。我们必须付出努力，必须保持清醒、保持联系、保持步调一致。我们必须有共同的梦想和目标，抱负和计划。我们必须对和对方在一起充满热情。

　　我知道，所有感情都会经历高潮和低谷。我知道有时候我们会变得满不在乎，甚至会感到有些厌倦。但我们在某种程度上致力于让另一个人获得幸福，这需要专注、勇气、激情、动力、热情和努力。什么？我们并不是为了另一个人的幸福存在的？那我们在干什么？在某种意义上，爱情的意义就在于让另一个人获得幸福。如果这不是我们的目的，那么还有什么意义？

　　我们必须真的关心对方，爱着对方，希望对方有成就感、成功、幸福和完整。

　　在理想的世界中，我们一生只爱一个人（我知道，很多人一生会有好几个伴侣，但我假设他们开始每一段感情时都是抱着共度余生而不是离婚的目的）。这是一个在相互信任、责任心、共同的幸福、动力和追求卓越的基础上，建立一段美好、稳固的爱情的机会。只有这样，我们才会情比金坚，我们的爱情才会更圆满。要知道，另一半在我们身边不只是为了在我们感到厌倦想要有个人陪伴时和我们聊天，她／他在那里是因为她／他爱我们，我们也爱她／他；她／他在那里是因为我们之间有爱情。如果这都不是一个人活得精彩、充满热情的动力，我不知道什么才是。

> 我们要致力于让另一个人获得幸福。

法则 66
协调步调与喜好

　　我们现在要讨论性了吗？其实不是，我要讨论的是爱。如果我们爱对方，对方也爱我们，那么发生性关系是自然而然的一件事。但这其中既有无尽的乐趣，也有各种各样的问题。在一段感情中，作为成功的法则玩家，我们要温柔，谦恭有礼，要懂得刺激和尊重对方，要有创造力，要体贴，还要保持对对方的吸引力。在性生活中也是如此。我们要考虑另一半的需求，同时照顾自己的感受。我们有权在两性关系中保留隐私并得到尊重。

　　对我们的另一半来说也是一样的。体贴是最重要的，我们要考虑他们的需求、喜好和能力，要做到谦逊有礼。

　　当然，除此之外，还要有激情和刺激。体贴和尊重并不意味着乏味。我们所说的不是因为要考虑另一半的安全、隐私和健康，就让性生活变得枯燥无趣。即便是感情最炽热的爱人也可以既善待对方，又激情四射，一起享受其中的美妙。

　　和爱的人缠绵在某种程度上来说是一种荣幸。在这个过程中，我们和另一个个体之间是最亲近的。因此，我们必须尊重对方，同时也应该尝试提升自己的技巧。如果技巧不足，我们可以花时间来学习。这没什么丢人的，我们不可能生下来就是老司机。

我们有权保留隐私并得到尊重。

法则 67

多说话

　　没错，要多说话。出现问题时，说出来能够帮助我们解决问题；时运不济时，说出来会带领我们渡过难关；乐观兴奋时，说出来有助于我们和另一半分享。

　　如果不说话，一定是出现了问题。说出来能够帮助我们去理解、倾听、分享和交流。

　　很多人以为，沉默意味着出问题了。当然，我们不必打破所有沉默，但下面是我们在交流时需要注意的一些基本礼仪：

　　• 确认伴侣和我们说话了，嘟囔声和叹气不算；

　　• 每隔几秒就做出一些反应，表明我们还醒着，还关心对方说的话，比如点头、简单地回应，鼓励对方继续说下去；

　　• 说话是我们作为恋人或伴侣的责任，并且我们应该做好这件事；

　　• 会说话能够提高生活的质量，不说话就无法调情，激起对方的兴致，说话其实是一种前戏；

　　• 说出来有助于解决问题，沉默只会放大问题；

　　• 说话会让我们一直有"在一起"的感觉，还记得吗，开始恋爱的时候，我们就是这么做的。

　　当然也有"沉默是金"的时候（参见法则 64），但说话是一种健康、有效、友好、有趣且充满爱意的方式。沉默可能会显得乏味、冷漠、消极。显然说话也分有质量的和东拉西扯的。要确保我们和伴侣之间的交谈，不是为了用没有意义的琐事来消除沉默。说话要有目的，不过偶尔八卦一下也无伤大雅，但一味地闲扯不可取。所以，现在就聪明地说话吧！

> 如果不说话，一定是出现了问题。

RULE 68

法则 68

尊重隐私

"我想一个人待一会儿……"尊重、隐私、信任和诚实是上天赋予我们每一个人的权利，其中隐私权是最神圣不可侵犯的。

我们必须尊重我们伴侣的隐私，她 / 他也必须尊重我们的。如果没有得到应有的尊重，我们就应该开始怀疑其他权利了——信任、尊重和诚实。如果这些权利都不见了，那么坦率地说，我们之间存在的并不是爱情，是什么我也不知道。所以我们来假设我们的感情良好、健康，那么这意味着我们尊重伴侣的隐私。

在有些事情上，如果我们的伴侣选择对我们有所保留，那么这也是她 / 他的权利，我们无权：

- 哄骗；
- 威胁；
- 情感绑架；
- 贿赂；
- 收回特权；
- 试图通过不光彩的方式找出真相。

引诱对方说出来也是不行的。尊重隐私不只是不擅自打

开她 / 他的信件、不偷听她 / 他打电话、不在她 / 他没看见时偷看她 / 他的电子邮件，隐私还意味着她 / 他有独自洗澡的权利——我们都需要保持一定程度的优雅和尊严，独自洗澡其实是标准的底线。

任何时候，共用浴室都是不可取的。想象一下，多可怕啊。如果无法拥有自己的浴室，至少要在浴室里保留一点自己的隐私。我明白，一起洗澡这种事情会让大家觉得非常亲密和浪漫，但我们谁也不想当着对方的面剪脚趾甲或挤黑头什么的。千万不要这么做。温斯顿 · 丘吉尔（Winston Churchill）曾说，他的婚姻能持续 56 年的原因就是他们有分开的浴室。所以，保留自己的隐私，同时也不要侵犯对方的隐私。这条法则不仅适用于我们的伴侣，甚至可以延伸到全宇宙的所有人身上。

如果觉得自己要侵犯别人的隐私，我们就必须深刻反省，找出自己有这种想法的原因。真相可能令人难以接受，但我们必须得知道。

> 如果觉得自己要侵犯别人的隐私，我们就必须深刻反省，找出自己有这种想法的原因。

RULE 69

法则 69
确保有共同的目标

刚开始相恋时，我们认为自己足够了解这份爱情。我们有太多的共同点。这份感情简直就是命中注定，自然而然的事情。我们当然有同样的目标、当然是同一枚硬币的两面、当然会一起走完剩下的人生道路。

大错特错。这条路有时会分岔，而且如果不时时留心，我们就会彻底地、永久性地失去对方。我们要经常检查，看看比如说我们用的是不是同一张地图，是不是在朝同一个目的地，甚至是同一个方向前进。

我们的共同目标是什么？对于目的地，我们的想法一致吗？千万不要暗地里揣测对方的想法，不要臆想或猜测一个共同的目标。我们必须了解我们的伴侣，以及我们自己认为我们的共同目标是什么，因为它们可能相差甚远。不过它们也可能非常接近。我们只有问了才会知道，不过当然还是需要小心谨慎地问。有关这点，我并不是在危言耸听。

而且我们得区分共同的目标和共同的梦想。我们都有梦想——海边小屋、环球旅行、法拉利、马里布的另一个家、特意修建的酒窖、巨大的游泳池——但目标是不一样的。目标是生孩子（或不生）、经常旅行、提早退休在西班牙定居、把孩子培养成快乐并且适应性好的人、共度一生、搬到乡下或城里去、一起在家办公、共同经营自己的公司、养狗等。我猜梦想是我们想在某一天得到的东西，而目标则是需要我们一起做的事情。梦想是我们两人中任何一个人可能会获得的收获，而目标则是我们需要对方才能达成的共同目的，因为如果没有了对方，这个目标也就失去了意义。

这条法则是关于评估的。要进行评估，就得和我们的伴侣讨论我们以为自己在朝着什么方向前进，在做什么。不用很沉重，可以是一次轻松的评估，仅仅是为了交流并确保两个人是在同一条轨道上。也不用太详细，只需要通过简单的问题来确定我们总体上方向一致，不必苛求于完美地规划好未来生活的每一步。

> 要经常检查，看看我们用的是不是同一张地图。

法则 70
对待伴侣要比对待最好的朋友更好

有一天，我和一个朋友聊到了这条法则。她不同意我的看法。她说，我们要对朋友更好，因为我们更了解他们，对他们应该更忠诚。后来，我又和另一个朋友说起了这个话题，她却说不是这样的。正因为对自己的伴侣不如对朋友了解，我们才更要对伴侣好。我的观点是，对待伴侣应该比对待朋友更好，因为他们既是我们的爱人，又是我们的朋友。理想情况下，他们就是我们最好的朋友。

如果我们的伴侣不是我们最好的朋友，那么我们最好的朋友是谁？又是为什么？是因为我们的伴侣和我们的性别不同，然后我们就需要一个同性挚友？抑或是我们的伴侣和我们的性别相同，我们需要一个异性好友？还是因为我们不把爱人当成朋友？如果我们的答案是这一个，那么我们是如何看待我们的伴侣的？作为我们的伴侣，她／他的角色和作用是什么？

再强调一下，这一切都和我们是不是有清醒的意识有关。对伴侣比对最好的朋友还好说明我们深思熟虑过，有意识地做出了这样的决定。

对我来说，对伴侣比对最好的朋友还要好是理所当然的。这就意味着不干涉他的生活、尊重他的隐私、把他当作独立的成年人。只需要朝周围看看，就能看到把彼此当成小孩子的伴侣，不停地唠叨、训斥、争吵、指责、吹毛求疵。但对待朋友，他们却不会这样。那么他们为什么会这么对待那个本应是他们携手走入未来的人呢？

举个例子吧。我们坐在朋友的车上，她／他在开车时犯了一个很低级的错误（不过并不危险）。这时我们可能会拿她／他打趣，一笑而过。现在，想象一下我们的伴侣犯了同样的错误，我们会不会：

- 贬低她／他；
- 之后很长一段时间里反复提起这件事；
- 告诉身边的每一个人；
- 以她／他不值得信任为由抢过方向盘；
- 像对待朋友那样一笑而过。

我希望是最后一种情况。

> 我们是如何看待我们的伴侣的？作为我们的伴侣，她／他的角色和作用是什么？

法则 71

知足很难

　　如果我们问很多人他们人生中想要什么，他们会说："哦，快乐就好呀，我猜。"如果问他们对孩子的期望，答案也差不多："做什么都无所谓，只要快乐就好。"其实我们还不如寄希望于自己或孩子成为一名宇航员或外科医生——至少这种愿望有很大的机会实现。我们可以培养他们，让他们符合成为一名宇航员或外科医生的要求。

　　幸福就是这样一种虚幻的东西，耗费太多时间苦苦追寻却得不偿失。幸福是生活的一端，另一端是痛苦。和痛苦一样，幸福是一种极端状态。如果我们回头审视自己生命里的快乐时光，我敢说当时一定有其他极端的感情交织其中。比如说，孩子出生时我们一定会感到激动、神奇，为孩子顺利出生大松一口气。但我们会觉得幸福吗？我不确定。

　　人们通常会认为，假期会让他们感到幸福，因为他们可以放松，远离各种令人忧心的事情。事实也的确是如此。其实追求幸福往往属于"目标越大越好"，我们永远也不会成功，因为根本没有尽头。我们只会得陇望蜀，这山望着那山高。与其一直盯着远处的幸福不放，倒不如学会知足。这是一个可以实现、值得付出的目标。

　　这一条法则尤其适用于爱情，无论是对寻找真命天子或真命天女这件事本身，还是具体过程。大部分人都渴望有一场疯狂的恋爱，期待发生剧烈的化学反应，希望爱情像烟花一样明艳，像蝴蝶一样美好，总之就是要绚烂、强烈。但是这种强烈的感受往往无法持久，我们早晚要回归现实。生活还要继续，没人能永远活在这种热烈、汹涌的情感中。知足是激情褪去，我们回归轻松快乐的简单生活后希望实现的目标。实际上，因为持久，知足常乐更值得我们为之努力。

　　如果我们发现，我们和伴侣之间没有那么强烈的化学反应了，但还能感受到满足、温暖和爱意，这何尝不是一种幸福呢？

> 知足是激情褪去，我们回归轻松快乐的简
> 单生活后希望实现的目标。

法则 72
双方法则不必一模一样

很多情侣认为，两人什么都要一模一样，要遵循一样的法则。其实不然。在一些重要的事情上，我们可以有不同的法则。最幸福、最成功、最牢固的爱情是，双方都认为有必要保持法则的灵活，并会做出相应的调整。

估计大家想让我举个例子。假设两个人中一个很爱干净，另一个人却非常邋遢。通常情况下，我们会不断抱怨对方多么不爱干净 / 有洁癖。争执和问题就这么出现了。这是因为，我们都只想使用一条法则：都要非常爱干净或非常邋遢。何不换一种方式，你保留你的洁癖，我继续我的邋遢呢？我在我的空间里邋遢，你在你的空间里保持整洁不就可以了吗？这样，我们各自遵循不同的法则，就避免了争吵。你生来爱干净，我生来就不爱收拾，我们都可以做自己。

再举一个例子好了。我太太讨厌别人拿她打趣或胳肢她，而我却完全没问题。她的法则是不能拿她打趣，不能胳肢她，但按照我的法则，这些都是可以的。我们可能是那种希望知道另一半在哪儿的人，而我们的伴侣却恰恰相反，既不想知道我们在哪，也不要求我们汇报行踪。那么我们之间可以建立一条法则：另一半告诉我们他们要去哪儿，以便让我们放心，但我们却不必告诉我们另一半。

如果我们的另一半缺乏安全感，每天都要确认好几次我们爱他们，但我们更喜欢在感受到真切的爱意时听到对方说爱我们，那么我们之间的法则就可以是我们经常说"我爱你"，而对方不必每次都回应我们。正所谓萝卜青菜，各有所爱。

最幸福的爱情是，双方都认为有必要保持法则的灵活。

第三篇

亲友法则

假设我们是自己那个小宇宙的中心，那么紧挨着我们的那一圈就是我们的爱人，我们的另一半，他们是我们最亲近的人。再外面一圈便是我们的家人和朋友。他们同样是我们最爱的人，我们愿意花大量时间陪伴他们。和他们在一起时，我们可以摘下面具，做我们自己。但和他们相处也是要讲究法则的。我们依然要表现出自己的荣誉感和尊严，同时也要尊重他人。我们对孩子、父母、兄弟姐妹和朋友都承担着一定的责任和义务。

面对不同的对象，我们有不同的法则要遵循，不同的义务要履行。接下来的这一章将指导大家如何与亲友相处。

只要活着，我们就必须和他人打交道。我们会在情感上相互影响，因此我们必须遵守法则，让它们确保我们举止得体，带领我们化解棘手的问题、迎接新的体验并保持亲密的关系。

要想与亲友保持良好关系，让他们看到自己最好的一面，我们就必须进行一些思考，而不应像大多数人那样浑浑噩噩地过日子。我们应该有意识地去改善与他人的关系、积极解决问题、相互鼓励，给家人和朋友带来温暖和幸福。还有比这更美好的事情吗？

THE RULES OF LIFE

法则 73
要当就当益友

真正的朋友责任重大。我们要具备忠实、坦率、真诚、可靠、友好等品质，有时候还要宽容大度，随时准备伸出援手。与此同时，我们不愿被人利用和欺骗。有时候，我们甚至必须冒着失去友谊的风险来直言不讳，但有时候，我们又要缄口不言。他们是我们的朋友，不是我们的克隆体，他们有自己的处事方式。我们的义务是陪伴他们，支持他们，并在必要时提出我们自己的意见和看法。

以上就是我们要做的。那么我们的朋友又该做些什么呢？理想情况下，我们要做的事情应该是一样的。但如果我们的朋友没做到，我们还是会做他们的朋友，原谅他、支持他、陪伴他。

如果要从这条法则中学到什么的话，那就是，陪伴是最重要的。无论是顺境还是逆境，我们都会陪在朋友身边。我们会握着朋友的手，让她靠在我们的肩膀上哭泣，给她递去纸巾，轻轻拍她的背，给她端上热乎乎的咖啡。我们会鼓励他们乐观，告诉他们不要担心，不要那么傻，等等，总之就是让他们振作起来。

同时我们还要给朋友提供好建议。即使我们除了倾听无能为力、即使我们不想这么做、即使他们众叛亲离，我们依然不离不弃。

有人说，真正的朋友是，她离开十年后回来，我们依然能像她从未离开过一样交谈。好朋友之间的确应该这样。

> 最重要的一点是陪伴，并且不仅仅是顺境中的陪伴。

法则 74
不要忙到没有时间留给我们爱的人

在日常生活中，我们最容易忽视的往往是最亲近的人。我的兄弟非常特别，和我关系非常好，可是我却总是忘记给他们打电话，忘记联系他们。不是因为我不在乎他们，而是因为我太忙了。这是不可原谅的。我偶尔也会抱怨好久没有听到他们的消息了。但当然，双方在这件事上的责任是一样的。我们都需要抽出时间，因为不这么做的话，时光飞逝，几周很快就会变成几个月甚至几年。

对孩子也一样。父母大多都有一个隐秘的想法："要是能回到维多利亚时代，睡前等保姆给孩子洗完澡，换好睡衣，并且准备好了饼干和牛奶后，只需和孩子待一个小时就好了。"但实际上，在人际关系中，不论是对孩子、兄弟姐妹、父母还是朋友，我们投入得越多，收获也会越多。我们一定要主动打电话，主动保持联系。万一他们不这么做怎么办？没关系，我们遵守法则就好。

如果这么做了，我们就完全掌握了生活的主动权。我们不会再感到内疚（因为该做的我们都做了），我们能够大度地原谅别人（因为是他们不主动和我们联系）。我们又一次表现出了高尚，总是第一个伸出援手、第一个选择原谅和淡忘。

　　无论生活多么忙碌——希望这些法则能够消除一些压力，让我们有一些空闲时间——我们都要腾出时间来。我们要为了身边的人而让时间变得有质量。他们爱我们，我们用时间来回报他们，这是公平的交换。他们爱我们，我们也把自己最珍贵的东西给他们。是的，就是我们的时间和精力。我们这么做是出于自愿，不能把它当作苦差事。我们要全心全意地投入时间和精力，否则干脆就别做。比如，本该用来陪孩子的时间，我们却用来赶工作进度、看报纸或者准备第二天的便当，这毫无意义。我们必须全身心地投入，否则他们就会知道我们心不在焉，他们会有一种被欺骗的感觉。

　　所以，当家人或朋友打来电话时，如果我们真的很忙，那么不要一边干手头上的事情，一边"嗯嗯"地应付。我们要么放下手头的事情，专心打电话，要么直接问能不能过一会儿打回去。也许有一天，我们会失去他们。那时，我们一定会追悔莫及，恨自己当时没有用心听他们说话。然而，为时晚矣。因此，从今天起，就为我们珍惜的人腾出时间来吧！

> 在人际关系中，我们投入得越多，收获也会越多。

法则 75

让孩子自己解决问题，他们不需要我们的任何帮助

我自己也有孩子，我自然希望他们幸福快乐，并能在某些方面取得成功。但我是不是也在私下里给他们安排了培养计划？我是不是希望他们能成为医生？律师？外交官？科学家？作家？企业家？教皇？（总得有人当教皇，所以这也不算痴人说梦）宇航员？

不，我不这么认为。我可以摸着自己的良心说我从来没给他们制定过这么宏伟的目标。我的确希望他们有自己的想法，但偶尔我也会因为他们没有做出真正适合自己的职业选择而感到失望。但我们得给他们犯错的机会。我们不能永远替他们掌控方向，否则他们永远不会自己学习。

这就是这条法则要说的：让孩子有机会犯错。我们都犯过错。我当年就被给予了很大的犯错空间，而且我也"不负所望"，不时捅出个大篓子。结果呢？我很快学习到了什么可行，什么不可行。我有一个堂兄弟，从小在温室里长大，被父母呵护得很好，基本没有犯错的机会。直到后来，他的错误严重到影响了他的生活。我们都会犯错。相比之下，趁我们还年轻，还有力气恢复时犯错更好。

为人父母，其实大部分时间都是在自己摸索。我们也有犯

错的自由，但问题在于，因为我们是家长，我们的错误可能会影响一个人的一生。这就是我们不愿眼看着自己的孩子犯错的原因。我们想保护他们，让他们免受伤害。但是，他们必须通过犯错来学习和成长。如果认为孩子只能对我们言听计从，我们就会铸成大错。他们需要生活给他们上课，才能逐渐了解生活的真谛。事实就是这样，他们不能只通过书本、父母或电视学习生活知识，还要从失败和创伤中吸取经验教训。我们要做的，就是站在一旁，准备好"创可贴"和"消炎药"，并给予他们安慰和鼓励。

我们当然可以引导他："你确定这是正确的选择吗？你想清楚了吗？你这么做的后果是什么？你能抽出这么多时间吗？你之前有过类似的尝试吗？"不光是对待孩子，对于朋友，当我们觉得他们就要大错特错，而我们又不想扫了他们的兴时，我们也可以这么做。注意不要让我们的问题显露出太多的判断或惋惜的意味，否则他们就会忽略我们的提示，不撞南墙不回头。

> 我们不能永远替他们掌控方向，否则他们
> 就永远不会自己学习。

法则 76
尊重和原谅我们的父母

　　这一条也许跟你没什么关系。就我自己而言，因为我现在严格来说是个孤儿，这条法则应该也和我没关系。但实际上是有的，并且有很大的关系。我的成长过程有两个重要的特征：父亲不知所踪，母亲在抚养孩子这件事上困难重重。我的兄弟姐妹也一样。面对这种情况，我们各自都有不同的处理方式。当我自己有了孩子后，我发现接受我母亲这件事的难度降低了。这时候，我才发现，有些人天生就擅长抚养孩子这件事，但有些人，坦白说真的一窍不通。很不幸，我的母亲就属于后面这一类。这是她的错吗？不是。应该怪她吗？不应该。那么我能够原谅她吗？其实没什么可原谅的。她孤立无援，没有任何关于抚养孩子的技能，只能靠自己，所以举步维艰。结果就是，她对待孩子的方式骇人听闻。我们可能都需要心理治疗。或者是谅解和尊重。这件事本来就很难，我又有什么理由怪她做得不好？生活中，每个人都有自己不擅长的领域或不感兴趣的事情。

　　父母实际上已经竭尽全力了。也许对我们来说，他们做得还不够好，但他们只能做到这么多。他们不应该因为不擅长为人父母这件事而受到责怪，因为不是所有人都能成为出色的父母。

我消失不见的父亲呢？也没什么。有的选择，在别人看来是自私自利、不可原谅或大错特错。但因为不在现场，我们并不知道他们面临什么样的不利条件，是什么促使他们做了相关的决定。也许只有当我们也要做出同样的选择时，我们才有资格去评判。即便最后做出了不同的选择，我们依然没有权利进行评判和指责。

因此，我们要对父母表现出起码的尊重和宽恕，他们把我们带到了这个世界上，给了我们生命。如果他们做得很好，那就告诉他们。如果我们爱他们（当然，没人强迫我们），也告诉他们。如果他们在为人父母这件事情上确实乏善可陈，就原谅他们，然后继续生活。

作为儿女，我们有义务尊重父母、善待父母，并通过原谅他们、不妄加评判来超越他们。我们完全可以摆脱自己成长过程中的不利影响。

> 生活中，每个人都有自己不擅长的领域或不感兴趣的事情。

法则 77

给孩子一个机会

我们来谈谈优秀的父母应该是什么样子的，我们作为父母应该扮演什么角色。首先，我们来看看这一条法则：给孩子一个机会。这意味着我们要支持他们，鼓励他们。实际上，不光是对自己的孩子，对所有孩子都应该这样。其实，孩子们的机会很少，他们平日里听到最多的一个词就是"不"：不行，你不能这么做；不行，你还太小；不行，不能给你这个；不行，你不能去那里；不行，你不能看那个电影。

现在，回想一下我们是不是也是这么对孩子的。

说"不"对我们来说再容易不过了，可谓是脱口而出。但要给孩子支持和鼓励，我们就要学会停止说"不"，开始说"可以"。当然，我们也不是无条件地说"可以"，要视孩子的年龄、生活技能和身体发育等情况而定。即便是在说完"可以"后又加上一句"但不是现在"，孩子也会受到极大的鼓励。

有的家长还常常对孩子说："你不擅长这个。"或"如果我是你，我肯定不会这么做，你注定会失败的。"但实际上，鼓励孩子，让他知道自己可能会失败，要好过一开始就给孩子灌输这种想法。我知道所有人都想保护孩子，但有时候，我们要暂时收起自己的担心，把孩子往前推，让他们自己去经历。

真正成功的父母会说，"去吧，你肯定没问题。"受到这样的鼓励，孩子也会自信起来，认为自己能够做到，能够成功。如果我们一味说"不"，孩子就会自暴自弃，缺乏自信。

一个朋友回忆说，她6岁的时候特别渴望自己能够成为一名芭蕾舞演员。那时，她已经表现出了日后注定会拥有现在6英尺（约合183cm）的身高、一双大脚和健壮的体型的事实——总之和芭蕾舞演员的形象相去甚远。当时，她的父母肯定能够意识到这一点。他们本来完全可以告诉她，她真的应该试试别的，比如摔跤。但相反，他们给她找了一个芭蕾舞培训班。没过多久，她自己就意识到芭蕾不适合她，就此结束了她的芭蕾梦。但是，这是她自己选择放弃的。她的自尊心没有受到伤害（现在，她只希望父母当时没拍照就好了）。

无论孩子们想做什么，我们都不应该破坏他们的梦想、阻碍他们、表示担忧或限制他们的愿望。我们要做的就是在提供鼓励和支持的同时引导他们，并且为他们提供实现愿望所需的资源。他们成功与否无关紧要，有机会去尝试才是最重要的。

> 他们平日里听到最多的一个词就是"不"。

RULE 78

法则 78
不要随便借钱给别人

这条法则的完整标题应该是：永远不要借钱给朋友、孩子、兄弟姐妹甚至是父母，除非我们已经做好了要么失去这笔钱，要么失去一段感情的准备。

有一个很有趣的故事，我记得是关于奥斯卡 · 王尔德（Oscar Wilde）的（不要在意到底是不是他）。有一次，他从朋友那里借了一本书，结果却忘记还了。后来，他的朋友来找他，要求他还书，可是王尔德早就把书弄丢了。朋友问王尔德："借书不还难道不会破坏友谊吗？"王尔德只是微微一笑，说："会。但你追着让我还书不也一样吗？"

如果借钱——或者是书等其他任何东西——给别人，就要做好收不回来的准备，否则就别借。

如果是我们非常珍惜的东西，就别借出去。因为它对我们来说意义重大，我们要好好保存。如果打定主意要借出去，不管是钱还是其他东西，都不要指望能收回来。如果最后东西还回来了，那就算是一笔意外之财。如果没还回来，也没什么，因为我们已经做好了准备。

很多父母都会犯的错误是：把钱借给自己的孩子，然后因为孩子没还钱而受到伤害，感到失望。但其实，在孩子的一生

第三篇
亲友法则

中，父母一直在给他们钱，可一到孩子长大一点，比如说上大学了，父母突然开始说那些钱是借给孩子的，并要求孩子偿还。孩子肯定不会还，他们没有接受过这样的教育。指望他们偿还是不现实的。万一真的还了，那就是我们的福气。

对朋友也一样。如果我们在乎有去无回，就什么都别借。这毕竟是我们的选择。我们不必借给任何人任何东西。如果借，就做好一笔勾销的准备，否则就别借。显然，如果对我们来说钱比友谊更重要，就要确保对方一定会还钱，同时还要加上利息。

对兄弟姐妹和父母也一样（他们永远也不会还我们钱的，相信我）。那么，应该把钱借给谁呢？当然是陌生人了，不过他们也不会还钱的。

> 如果是我们非常珍惜的东西，就不要借出去。

法则 79

保持沉默

　　我有个朋友，她有三个孩子。她告诉我，在有孩子之前，她其实并不明白那些有孩子的过来人对她说过的话。她有时候并不相信他们所说的带孩子的劳累，或者是各式各样的儿童用品问题，也不认为孩子能那么吵，带孩子是那么辛苦的工作。有时候，她根本不明白他们在说什么。即便是有了两个孩子后，她还是不懂那些有两个以上的孩子的父母对她说的话。但现在，她说她终于懂了，和她之前想的完全不一样。

　　我们可能会想，自己已经有两个孩子了，能够想到有三个孩子的情况。但其实我们并不知道。实际上，我们甚至不知道其他两个孩子家庭的生活状况。他们的孩子也许性别与我们的孩子不一样、年龄相差更大，他们也许经济条件不及我们，或是工作时间和我们的不一样。而且很多时候，明显相似的情况，看上去也会不同。

　　我们都有自己的个性和价值观，有自己的优点和缺点。我认识一个失去丈夫的人。她讨厌和幸福的夫妇相处，因为这会让她想起自己失去的爱人。而我认识的另一个寡居朋友和生活幸福的其他夫妇相处就完全没问题，因为她不会用别人的婚姻和自己的婚姻比较。这两个人没有对错之分，但两人都有自己的过往和态度。

所以我想说什么呢？从本质上来说，就是不要评判他人。在我们自以为了解他人的生活之前，先试着多站在对方的角度考虑问题。我自己的母亲把一个只有几周大的孩子送给别人收养。在很多年里，我一直都认为这么做不对。但我有了自己的孩子后，我意识到自己无法评判她这么做是对还是错。当时，她已经有五个孩子了，还守了寡，因此她成为家里唯一的收入来源（19 世纪 50 年代的情况甚至比现在还难）。她从早到晚地工作，付不起幼托服务的钱。如果我是她，我会做得比她好吗？我不得而知。

做到这一点不容易。我要说的不仅仅是在我们形成自己的观点之前要三思，还包括我们应该对他人的选择保持沉默，因为我们无法判断其他任何人所处的环境。即便是对最亲近的人，我们也不能直接告诉他们应该怎么办。对我们很多人来说，当然也包括我自己，这可能是所有法则中最难的一条。

然而，想想当别人试图告诉我们该怎么做时我们自己的感受吧。如果心中有明确的答案，我们是不会接受他人的想法的。他们不理解我们，甚至就连我们最亲密的家人其实也并不完全理解我们。就算我们会犯错，我们也希望自己能吃一堑，长一智，而不是根本就没有犯错的机会。推己及人，我们也应该这样对待自己身边的人。很难，对吧？但我们必须这么做。

> 想想当别人试图告诉我们该怎么做时我们
> 自己的感受吧。

RULE 80 法则 80

没有坏孩子

没有坏孩子。的确，也许有干坏事的孩子，但他们不是坏孩子。不管我的孩子多么淘气，他们都不是坏孩子。他们的行为可能会让我焦躁不安，但当他们睡着后，我从门缝里看着他们时，他们都是小天使，完美无瑕。是的，他们白天的行为可能很淘气，让我抓狂，但他们的本性依然是好的。

孩子做坏事的唯一原因就是他们在探索这个世界，了解界限在哪里。他们要通过犯错，才知道什么是对，什么是错。这很自然，也很正常。

其他与常规不符的行为也一样。没有笨拙的孩子，只有笨拙的举动；没有愚蠢的孩子，只有愚蠢的做法；没有心怀恶意的孩子，只有心怀恶意的行为；没有自私的孩子，只有自私的动作。

孩子不知道这些，我们要做的就是去教导他们，教育、帮助、鼓励他们。如果一开始就认为他们本性不好，那么我们的出发点就错了。如果认为他们是错的，那么我们几乎注定会失败。我们改变不了坏小孩，但可以改变坏的行为。如果相信孩子的本性是好的，我们很快就会成功。我们要做的只是改变他们的行为，这一点是可以做到的。

千万不要对一个孩子说"你可真是一个坏孩子",这会在他们脑海里留下难以消除的负面影响。最好对他们说"你真淘气"或"你这个调皮鬼"。对于调皮,他们可以做点什么,加以改正。但如果我们说他们是坏孩子,他们就做不了什么了,这会影响他们。

> 我们改变不了坏小孩,但可以改变坏的行为。

RULE 81

法则 81
在我们爱的人面前表现出积极的一面

作为一名法则玩家，从现在起我们的任务就是在我们爱的人面前表现出积极的一面。不再无病呻吟、不再发牢骚、不再抱怨，不再说出这些负面的东西。从现在起，我们要做一个充满正能量、积极向上、乐观豁达的人。

被问到过得怎么样时，不要说"很不好"，而要说"很好"，无论实际上我们的心情多么低落，这一天过得多么不如意。而且有意思的是，当我们说"很好"时，就算我们其实并不那么觉得，我们也会发现很快就会有好事发生。如果我们说"不好"，那么我们接下来的想法就变得消极。试试吧，老实说真的奏效。

从今天，从这一秒开始，我们就要成为一个永远快乐、积极向上的人。为什么？因为必须得有人这么做，否则所有人都想结束这一切。生活的道路总是布满荆棘，必须有人担起重负、鼓舞士气、驱散忧郁。那么这个人会是谁呢？就是我们。

我知道，读到这里的时候，大家一定在想这个人为什么是我们，为什么要让我们承担这个重担。因为我们能做到，这就是原因。但要悄悄地做（牢记法则 1），不要小题大做，不要大动干戈。只是简单地改变心态，转变方向。从现在起，我们只能在爱的人身边表现得乐观积极。好吧，我们可以向陌生人抱怨，但面对我们爱的人，必须乐观。

成功的人永远乐观向上。比起自己的小问题，他们更在意身边人的感受和遭遇。他们更想知道我们的问题，而不是抱怨自己的遭遇。他们总是积极地思考和生活，传递信心、活力和热情。

我有一个朋友去了国外。他在那里人生地不熟，语言也不通。但是他说，无论什么时候，只要置身那里，他的心情就会好起来，因为他不知道怎么说那些表示消极情绪的词语。当别人问他过得怎么样时，他只会说"快乐"，因为他只会说这一句。他慢慢发现，当他这么说时，他的确感觉到了快乐。

> 必须有人担起重负、鼓舞士气、驱散忧郁。

法则 82
让孩子担负起责任

　　孩子总有长大离开家的一天。他们会从无助的婴儿变为成熟的大人，拥有自己的生活。这其中的诀窍就是努力与他们保持同步。随着他们长大成人，我们要逐渐后退，让他们承担更多的责任。我们要克制什么都为他们准备好的冲动，让他们自己动手煎鸡蛋，给垃圾桶刷漆。

　　这其实是一种微妙的平衡。我们既不能让孩子担负的责任超出他们的能力范围，同时又不能过于约束他们。当我们第一次让他们去煎鸡蛋或给垃圾桶刷漆时，他们可能会弄得一团糟——蛋黄被弄得到处都是，地上的油漆东一块西一块。这种混乱经常会导致家长说，"不行，我们做不了。"但我们必须要打碎几个鸡蛋、把鸡蛋煎糊几次后，才能做好一份煎蛋。要想孩子长大后能够独立完成一些 DIY 的工作，我们就要对油漆洒得一地都是的情况做好准备。

　　孩子小时候第一次学着从杯子里喝东西时，我们总觉得杯子里的东西会洒出来。于是，我们站在那里，手里拿着毛巾，随时准备打扫现场。当他们长成青少年时，我们却忘记了把纸巾藏在身后，仍等着为他们打扫现场。我们一开始就希望他们能够保持房间整洁干净，但他们以前从来没这么做过。他们不知道该怎么做。他们需要学习，而这个学习过程的一部分就是不做、做得不好或做法不同于我们成年人。我们的工作就是去帮助他们，慢慢地，一点一点地把责任转交给他们，但要进行引导。

我们希望孩子无论做什么，第一次就能做好：不会把水洒出来、不会打碎鸡蛋、不会把油漆弄到地板上。但这些期望不切实际，成长本身就是一件混乱的事情。

> 随着他们长大成人，我们要逐渐后退，让他们承担更多的责任。

法则 83
孩子需要和我们争吵，才能离开家

RULE 83

　　我们的孩子从不整理自己的房间。他们总是在家里大声放音乐，让我们抓狂。我们之间的关系快要崩溃了。我们总是在反思自己哪里做错了，才会导致孩子闷闷不乐，喜欢穿黑色的衣服。他们在我们面前不爱说话，郁郁寡欢（但神奇的是，朋友一来，他们就会振作起来），到处惹麻烦，不断给我们找难堪。我们总是自责，觉得都是我们的错，是我们让他们变成了这样。这简直是一派胡言。其实这些都是好事。

　　听着，孩子要和我们争吵，才能离开家。如果太爱我们，他们是离不开家的。我们抚养他们长大，照顾他们的生活起居，给他们钱花。但他们没有感恩的意思。他们想离开我们、纵情狂欢、像大人一样说脏话。他们不想再做我们的宝贝小天使，他们想变得令人讨厌、大胆、粗鲁和成熟。他们想独自去发现和探索，去体验困难。他们需要打破枷锁，挣脱父母的束缚，一路狂奔，高喊自己终于自由了。如果还对我们心存敬畏，还感到依恋我们、太爱我们，他们怎么能做到这些？他们必须通过离开我们，挣脱出来，然后才能以不仅仅是我们孩子的身份回到家中。

　　这个过程很正常，我们应该欢迎它，并乐于看到孩子离开。

我想说，让他们离开得越早，他们回来得也越早。我们也许再也不能轻抚他们的头发、替他们盖被子、给他们读故事了，但当他们回来时，我们收获的将是一个已经长大成人的朋友。我们会建立一段新的感情。

如果阻止他们，他们对我们的怨恨会持续得更久。如果感情用事，他们要花更长的时间才能决定回家，因为他们会感到内疚。

我们可以和十几岁的孩子说：不要让爸妈太难过。他们和我们一样，都觉得受到了这段全新的关系的威胁。给他们一个机会，他们会像我们一样，在今后来修复与我们的关系。

> 他们必须通过离开我们，挣脱出来，然后才能以不仅仅是我们孩子的身份回到家中。

RULE 84

法则 84
孩子总会有几个我们不喜欢的朋友

"啊，千万不要又是米奇·布朗（Mickey Brown）！"
这是每周六早晨我母亲都会喊的一句话。她非常讨厌米奇·
布朗，像和他有深仇大恨一样。为什么？我也不知道。其实，
我的大多数朋友她都不喜欢，但是她却把所有怨恨都发泄在了
可怜的米奇·布朗身上。甚至在见到米奇·布朗之前，她就
不喜欢他。

听着，孩子有时候会有一些我们不认可也不喜欢的朋友。
这很正常，我们得接受。孩提时代，我们容易被和我们不一样
的孩子吸引。这是我们发现这个世界的方式。我们会被非常贫
穷或非常富有的孩子吸引，因为我们没有他们那样的经历，想
知道那种生活是什么样子的。我们会结识各种各样的朋友，从
无赖、被宠坏的公主、族裔背景不同的小孩，到身上有异味的
脏小孩、内向的孩子、有神秘色彩的吉普赛小孩，等等。

不论如何，作为父母，我们忍不住会不喜欢这个，不喜欢
那个。这是人之常情，但我们应该克制。我们应该持支持、鼓
励、欢迎和开放的态度。为什么？因为孩子和其他考验我们忍
耐力的孩子玩是件好事。这表明我们把他们培养得没有偏见，
不会擅自评判他人。如果他们不这么做，我们也不该这么做。

有意思的是，米奇·布朗的父母也不待见我。他们不让他玩玩具枪，而我总是趁他们不注意时偷偷把玩具枪带去他家。其实我也不是特别喜欢玩具枪，但我喜欢给他找麻烦。

有一次，我的一个孩子办了一场生日聚会。他坚持邀请了一个特别淘气的同学。当这个孩子的父母来接他的时候，他们几乎是眼含泪水，因为那是个可怜的孩子，他第一次被邀请参加生日聚会。情况怎么样？他表现得怎么样？他乖得不得了，像个小天使一样。好吧，这是骗我们的。他表现出了他的本性。事后好几周，我还小声抱怨说："再也不让他来了。"但说真的，他是调皮了一点儿，搞了些破坏，但其他孩子和他也差不多。其中一些所谓的好孩子，居然把奶酪三明治和果冻往我的长筒橡胶雨靴里塞。

> 我们的孩子和其他考验我们忍耐力的孩子
> 玩是件好事。

RULE 85

法则 85
我们作为孩子的角色

　　我们现在已经长大成人，可能已不认为自己是个孩子。但
实际上，我们还是一个小孩。不过如果我们和父母去买东西时
把车停在了"携带儿童的家长"停车区，周围的人就会用奇怪
的眼神看着我们。

　　除非我们的父母都已经过世，否则我们一直是个孩子。因
此，我们有责任。我们有义务对父母表现得有礼貌、体贴、有
耐心、配合。

　　是的，我知道他们有时候会让我们抓狂，但从现在起，按
照我的建议来做吧：

　　• 在他们面前表现得无可挑剔；

　　• 照顾他们，如果他们需要的话；

　　• 离开他们，如果他们需要的话；

　　• 听他们唠叨，不要不耐烦或叹气；

　　• 意识到他们走过了艰难漫长的一生，经验丰富，有些
经验也许对我们有帮助，如果一味地拒绝或忽略他们说的话，
我们就不会知道那些有用的经验；

　　• 多联系，不管是登门看望，还是写信或打电话；

　　• 不要在我们的孩子面前说我们父母的不是，要把他们

说成是世界上最好的爷爷奶奶或外公外婆；

· 他们来家里住时热情欢迎，他们想看什么电视就让他们看，不要抱怨。

为什么这么做？因为他们给了我们生命，抚养我们长大。对，我知道他们在这个过程中犯过错，但是我们总会原谅他们（参见法则 76），并且我们现在过得很好，对吧？

父母上了年纪后，应得到善待。他们需要关心，需要有人听他们说话，重视他们，并且从另一个方面来说，他们会是出色的保姆（通常情况下还是免费的）。

> 我们有义务对父母表现得有礼貌、体贴、有耐心、配合。

RULE 86

法则 86
我们作为父母的角色

　　天哪，这可真难。我们充当着某个角色，并且是重要的角色，但我们该怎么定义这个角色，怎样才能让我们觉得真实，以至于我们才能接受这个角色并付诸实践？

　　如果我们很想承担父母的角色，我们其实是在和孩子签一份无形的合同，承诺给他们提供我们能力范围内最好的东西。这不一定是指物质。我们的任务——如果我们选择接受的话——就是要按最优秀的家长的标准来要求自己。我们要鼓励、支持、关心孩子，要有耐心，要爱护他们，等等。

　　我们要确保他们吃的是最适合儿童发育的东西，接受的是最适合他们的天赋和技巧的教育。我们的目的是培养对所有领域，而不仅仅是我们喜欢的领域的兴趣。我们会设立清晰的界限，让他们知道是非对错。他们如果超越界限，还要有清楚且可接受的惩罚措施。我们会根据他们的年龄调整自己的监督程度——对小孩子的监督要比对年龄较大的孩子更密切。我们会永远给他们提供一个安全的港湾——无论在外面的世界遇到多少麻烦，他们都可以回家。

　　我们要坚定、有爱心、乐于分享、关心他人、有责任感。我们会给他们制定标准，做他们的榜样。我们不会有我们不愿意让他们知道的言行。我们会支持他们，保护他们，保证他们的安全。我们会开发他们的想象力，刺激他们，让他们成为有创造力、对这个世界充满激情、热衷探索的人。

我们会称赞他们、增强他们的自尊、增加他们的自信心，让他们以有文化、有教养、有礼貌、乐于助人、有生产力的社会成员的身份进入社会。到他们需要离开家的时候，我们会帮他们打包，并在他们逐渐站稳脚跟的过程中一直提供这种支持。

我们要做的其实也不多，真的。

> 我们的任务——如果我们选择接受的话——就是要按最优秀的家长的标准来要求自己。

第四篇

社会法则

我们每天都要接触真实的、活生生的人。有些人我们也许见过，但通常都是完完全全的陌生人。这个世界就是由我们接触的人组成的。这些接触有大有小，有的积极向上，有的令人很不愉快。所以接下来，我们要谈论的就是一些社会法则。当然，这些法则不是一成不变的。它们并非大揭秘，只是一个提醒。

我们会研究一些有关和工作中认识的人交往的法则。毕竟我们要花大量的时间在工作上，而能让我们的事业更成功，让我们的职场生活更快乐、更令人满意、更有成效，肯定不可能是坏事，对吧？

社会法则是我们在自己周围画的第四个圆圈（第一个是自己，第二个是伴侣，第三个是家人和朋友，第四个是社会关系）。我们常常以为自己所在的团体、社会阶层或任何形式的群体就是正确的、重要的，比其他人的好。但其实每个群体都这么认为。那么我们该如何画这第四个圈，才能把来自其他背景、民族和群体的人包括进来呢？最好是多接纳，少排斥。我们很容易因为一些理由而认为自己面临"我们"和"他们"的区别，但实际上我们都是"他们"或"我们"。

我们要尊重、关心和帮助每一个人，要第一个伸出援手。为什么？因为我们是法则玩家。

法则 87
我们比我们想的更亲密

　　我有一个朋友，不是特别要好的那种，更像是泛泛之交。他是一个普通人，经营电脑生意，有自己的家庭，是一个生活平凡、规律（朝九晚五）的直男，没什么与众不同的。或者至少他自己是这么认为的。

　　他是个土生土长的英国人，过去对移民有一点不满。但后来，他发现自己是被领养的。当然这其实也没什么，这种情况很多。但这件事促使他开始寻找自己的家人，结果他发现自己的亲生父亲是个外国人。如果只看外表，我们根本不知道他其实只有一半的英国血统。这可真是有意思。

　　追溯任何人的历史，它都会显露出大量来自不同团体和族裔群体的不同细节。我们无论从哪个方面来看都不是"纯"的。整个世界已经融为一体，我们很难说出自己究竟起源于哪里。追溯到很久以前，我们都有一些不同之处。似乎欧洲一半的男性都拥有可追溯到成吉思汗的血统——而他本人来自蒙古。

　　我要说的就是不要妄自评判他人，因为我们都来自同一个熔炉。如果追溯到很久之前，天下是一家。我们要接受其他群体和其他文化，即便它们和我们的大相径庭，因为去掉所有人的装饰之后，我们之间的差异其实少之又少。

　　是的，我们也许说着不同的语言，穿着不同的服装，有着不同的风俗习惯，但我们都会谈恋爱，都渴望有个人可以拥抱，都希望拥有自己的家庭，能够开心快乐、健康长寿。我们都希望自己有魅力，不会变胖、变老或生病。如果本质上我们都会在受伤害时哭泣，在高兴时大笑，在饥饿时肚子叫，那么我们穿套装、沙丽或草裙又有什么不同呢？去掉装饰后，我们所有人都一样，都是可爱的人类罢了。

> 去掉装饰之后，我们所有人之间的差异其实少之又少。

法则 88
学会原谅

　　我们很容易生气，容易被激怒，然后小声抱怨或是做出粗鲁的动作，骂骂咧咧。要做到宽容不是件容易的事情。我在这里说的不是容忍，而是换位思考，然后宽以待人。

　　我最近在休假的时候发生了一件事。一个浑身湿透了的骑自行车的人脏话连篇，因为他认为有人（不是我）开车距离他太近，差点把他挤进沟里。他的声音很大，举止粗鲁，气势汹汹，满嘴脏话。我试着替他骂的那个人和他讲道理，也被他骂了一顿。之后，他骑车离去，并朝我挥了挥拳头，结果却导致自己的自行车摇摇晃晃。我在心里一阵大笑。其实我很容易原谅他，不是因为任何宗教信仰的原因，而是因为我知道他选错了度假方式。

　　他显然是相信了别人的劝说，以为骑车度假很有意思。但是那里地处乡下，多丘陵。那天又下了一整天的雨。他疲惫不堪，淋得好似落汤鸡一般，浑身酸痛，心情非常不好。在这种情况下，我怎么能不原谅他呢？换位思考，如果是我，我也会脾气暴躁，随时想打一架。我很同情他，也能感受到他的很多不快。是的，他确实不该满嘴脏话，尤其是在孩子面前。他也不该恐吓他人，气势汹汹，好像随时都要和别人打起来一样。

但在那种情况下，你、我或是其他任何人都可能表现得和他一样。谁能保证在做出了错误的度假选择后，还能保持好脾气？

　　宽容并不意味着要忍受对方的颐指气使或没有意义的废话。我们可以立场坚定地说"抱歉，我认为这样做不对"，但我们也可以换位思考，试着原谅他们。或许"宽容"这个词比"原谅"更准确。但无论是宽容还是原谅，都不要将其误认为是软弱，我们依然可以说："管好你的嘴巴，骑着你的车赶紧离我远点！"同时又为这个可怜虫感到难过。他也许是个好人，只是做了件傻事而已。

　　要记住，惹我们生气的人在碰到我们之前，也许真的很不开心。

　　宽容并不意味着要忍受对方的颐指气使。

法则 89
乐于助人

在前一条法则中，我碰到的那个愤怒的人，在遇到我之前可能心情很不好。那么，我们可不可以努力让这些人开心起来，以免他们也向其他人发泄。我们传播一些善意出去，那么也许，仅仅是也许，那个气愤的骑自行车的人就不会那么容易暴跳如雷、骂骂咧咧、气势汹汹了。也许那一天，没人善待他，甚至很长时间都没人善待他。看，这完全是我们的错。如果我们对他好一点，他就不会把怒气撒在其他人身上了。

一旦有了我们理应伸出援手的这种心态，具体落实起来也就很简单了。它甚至会成为我们的"默认"行为。我们的第一反应会变成"好的，没问题，我可以告诉你怎么做"，而不是"我很忙，你不能问问其他人吗"。

试着把这一条法则用在职场上，看看它会给我们的声誉和事业带来什么影响。乐于助人并不意味着我们会被当作老好人。实际上恰恰相反。

看到女性遇到麻烦——哪怕只是食品杂货散落在地上——我们也可以走上前去问一声："需要帮忙吗？"如果需要，她自然会接受我们的帮助。如果她不需要，至少我们有这份心意，这是最重要的。

　　一切的关键在于每天都想着他人好的一面、先露出微笑并发现他人可能需要帮助的地方，而不是匆匆而过。试着换位思考，看到别人遇到问题时要有同情心，虽然不一定需要我们去解决问题。乐于助人还意味着投入时间和精力，确保我们周围的人都安好。当然，这一点也适用于陌生人。如果我们都愿意偶尔对陌生人报以微笑，这个世界上的冲突也许就会少一些。

> 一切的关键在于每天都想着他人好的一面。

RULE 90

法则 90
考虑对别人有何益处

我们都想赢。不论是在工作上还是在生活中，我们都希望赢。没有人一开始就是为了失败而努力的。但我们往往会认为，如果我们赢了，那么我们身边的其他人就得输。但事实并非如此。

任何时候，聪明的法则玩家都会评估形势，并提出"对他们有什么益处"这个问题。知道他人的动机是什么，我们就可以控制局面（和我们自己的行动），这样我们既得到了自己想要的，别人也觉得有所收获。这种"双赢"心态也许发源于职场，但它几乎适用于生活的方方面面。

要弄清楚别人可能想要什么，我们就需要后退一步，脱离自己的角色，像局外人一样进行观察。这时，我们会发现我们和他们不再是对立的。我们不再认为他们需要给我们让路，我们才能赢。

和已经掌握了这个窍门的人打交道是一种非常有益的经历。人们会期待和我们共事，因为有一种合作和相互理解的气氛。一旦我们学会寻找他人的"底线"，我们就会变得对谈判游刃有余，并为自己赢得成熟、乐于助人的好名声——其实对我们来说，这也是一种赢。

　　这种双赢心态不仅会在职场谈判中给我们带来收获，也会在家里起作用。假设我们和家人正在讨论去哪里度假，而我们特别想去法国骑马。这时候，我们就应该想想"对他们有什么益处"。假期中的哪些行程会让他们感到高兴？突出强调这些方面，我们的提议得到同意的可能性就会增加。如果根本想不出能吸引他们的事情，那么我们的思维就需要再开阔些。也许我们会找到一个我们可以骑马，家人也可以钓鱼和出海的地方。现在我们明白该怎么做了吧？就是"他们会得到什么好处"这个问题，它会帮助我们理清思绪。

　　这个法则还可以应用到为人父母上。如果我们只是制定规矩，丝毫不考虑孩子的需求和愿望，他们就会反抗，或者至少是难以管教。但如果问问"他们会得到什么好处"，我们就会从孩子的角度去观察，更好地教育孩子。各方都获益，都是赢家。

> 我们既得到了自己想要的，别人也觉得有所收获。

法则 91
和积极乐观的人来往

要想在生活、工作和社交上取得成功，我们就得知道人分两类。第一类是鼓舞我们的人。他们积极对待生活、充满活力和热情、言出必行。这类人会让我们觉得活着真好。还有一类人满腹牢骚，会让我们变得和他们一样消极。要想实现目标，活得开心，就不要和第二类人在一起。

因此，要多和积极乐观的聪明人来往。我指的是那些把生活当作激动人心的挑战，认为值得为其拼搏并乐在其中的人。这类人观点有趣，会让我们在和他们交谈时感到心情愉快。他们会分享积极的东西，并给出积极的建议，而不是一味地抱怨。他们会赞扬我们的优秀，而不会批评我们。

之前，我们讨论过清理生活中的杂物——具体的物品（参见法则 46）。现在也许到了我们清理闲杂人等的时候了。想一想我们平时来往的人，老实说哪些人让我们：

- 看到他们就觉得充满热情；
- 勇敢面对每一次挑战；
- 笑口常开，对自己感到满意；
- 觉得有人支持、熏陶和鼓励自己；
- 觉得为我们注入了新的想法、观念和方向。

哪些人又让我们：

- 看到他们后感到郁闷；

- 觉得愤怒、沮丧或被批评了；

- 贬低我们的想法，给我们的计划泼冷水；

- 觉得自己不被重视；

- 觉得好像自己一事无成。

和第一组人来往吧，把第二组人剔除出去——除非他们只是那一天心情不好（我们都会有心情不好的时候）。行动吧。我们也许会说，这么无情地清理朋友圈太残忍了。好吧，假设事实的确如此，但我想要的是欣赏朋友，而不是抱怨他们。如果发现自己是在抱怨朋友，我就会把他们清理出去。和不会让我们心情愉悦的人在一起毫无意义——除非我们本身就喜欢低落的状态。

> 和不会让我们心情愉悦的人在一起毫无意义。

RULE 92

法则 92

不吝啬我们的时间和知识

随着年龄的增长，我们会学到很多东西。其中一些对其他人有着重要的意义，他们通常是年轻人，但也不一定。我们要和他们分享自己的知识，不要吝啬我们的知识，也不要吝啬我们的时间。还有比把它们奉献给年轻人更值的吗？

如果我们拥有一项特殊的才能或技术，请传承下去。这不一定意味着不管我们是做什么的，我们知道些什么，我们都要把晚上的空闲时间全部用来在酒吧里教导年轻的朋克青年。

但如果有机会，那就去做吧。前不久，有人请我去给一群6岁大的孩子做演讲，谈谈当一名作家意味着什么。起初我想的是，"但我不是作家啊，我充其量，只是充其量算是个写作者。"对我来说，"作家"这个词听起来太宏大、太虚幻。对于我赖以生存的这个职业，我到底该告诉6岁的孩子些什么呢？但我记得自己的法则。于是，我热情地接受了邀请，去做了演讲。不得不说，那是我在很长一段时间里过得最愉快的一个上午。孩子们非常棒。他们提出了一些很好的问题，注意力集中，非常成熟地讨论，并保持着对这个话题的热情和兴趣。总体来说，他们遵守秩序，表现得非常好。我们很容易说不，但如果拒绝了，我们就永远不会知道我们可能会给别人带来什么样的启发，点燃什么样的火苗，或是在我们甚至都不知道的情况下给别人带来什么样的鼓励。

这个法则特别适用于职场。我们很容易陷入一种心态，认为如果我们知道其他人不知道的知识，我们就占了上风，并认为这种知识就是力量，我们要紧紧握在手里，一丝一毫都不能泄露。但实际上，生活中最成功的人总是希望把自己的知识传递给其他人，让他们站在自己的肩膀上。因为如果我们不这么做，将来谁来接我们的班？我们让自己变得不可或缺的同时，也让自己陷入了事业的陈规中。

如果不把我们的才能和技术传承下去，我们打算拿它们做什么？我们有什么需要隐瞒世人的惊天秘密吗？还是只是因为懒惰？成功的法则玩家会尽可能多地分享，因为这是传承过程中的一种非常有意义的经历。而且这种分享和传承真的很有用。不要以为自己知道的东西对任何人都没用。我保证，实际情况恰恰相反，因为在我们同意的那一秒，我们就已经和那些说不的人拉开了距离。这让我们变得重要、成功、果断和慷慨，让我们变得特别。

> 如果我们拥有一项特殊的才能或技术，请
> 传承下去。

法则 93
参与

　　参与什么？其实什么都可以（至少几乎是什么都可以）。我想我这么说的意思是，对我们所在的这个世界感兴趣。不要只从电视上看这个世界，要走出去和它互动。太多的人是通过小小的电视屏幕来了解其他人的生活，甚至是间接地通过真实世界里其他人的生活，来过自己的生活的。这个世界很大，充满了生活气息、活力、生气、经验、动力和激情。参与意味着走出去，成为这个世界的一部分。走出家门，找出这个世界的意义和运行机制。看电视让我们觉得温暖、安全、舒服，走出家门可能会让我们感到恐怖、寒冷、不舒服。但我们至少知道自己还活着。

　　人们总是抱怨年纪越大，时间过得越快。但我的经验是，我们在外面做的事情越多，时间就会被拉得越长。看电视的话，整个晚上都会在我们眼前溜走。

　　参与意味着合作、奉献和加入，而不是让其他人替我们活着，我们只是站在一旁观看。融入参与意味着撸起袖子，亲自动手，我们会在这个过程中获得一段真实的经历。

　　参与意味着加入进去、提供帮助、做志愿者、把理论上的兴趣变成真正的兴趣、走出家门并与人们交谈。参与意味着乐趣，是真正的乐趣，不是看电视的那种乐趣。参与意味着帮助其他人，让他们更多地欣赏和享受自己的生活。

我注意到，成功人士——这是这本书的目的所在，我所说的成功指的是满足和快乐，而不是富有和出名——对外部世界充满兴趣，这些兴趣不会为他们赚到一分一毫，也不会给他们带来任何名望。

他们做事情只是为了高兴，为了帮助他人、鼓励他人。他们通常会通过做事情而不是看电视来感受时间（我是认真的）。

他们会去做志愿者、导师、学校管理人员、当地商业顾问和慈善工作者。他们会加入各种社团和俱乐部，走出家门并找到真正的快乐。他们走出家门是为了有所改变或是分享兴趣。他们去夜校学习看似荒唐的科目。也许，他们会笑自己这么做，拿自己开玩笑。也许，他们有时甚至会因为出现的一些事情影响了生活而后悔参与。但他们成了这个世界的一部分。

> 参与意味着撸起袖子，亲自动手，我们会
> 在这个过程中获得一段真实的经历。

法则 94

保持高尚

这一条说起来容易，但做起来真的很难。我承认这很难，但我知道我们可以做到。我们只需要转变观念，从一种行事方式转变成另一种行事方式。记住，无论多么艰难，我们永远都不会：

- 报复；

- 行为恶劣；

- 暴怒；

- 伤害他人；

- 不加思考；

- 鲁莽行事；

- 咄咄逼人。

这些就是底线。我们随时都要保持高尚的道德。无论面临什么挑衅和挑战，无论其他人表现得多么不公平、多么恶劣，我们都要举止诚实、得体、友好、宽容、周到。我们不会以牙还牙，而是保持善良、文明，在道德上无可指责。我们的举止无可挑剔，语言温和庄重。他人的言行举止不会导致我们偏离这条底线。

是的，我知道这有时候很难。我知道当其他所有人都表现得极其恶劣时，我们却还要忍气吞声，不能如愿还击真的很难。别人对我们态度恶劣时，想要报复是正常的。但千万不要这么做。一旦艰难的时刻过去，我们就会因为保持了高尚而为自己感到骄傲。它带给我们的感受比报复美好 1000 倍。

我知道报复很有吸引力，但我们不能那么做。现在不能，永远都不能。为什么？因为如果这么做，我们就把自己变成了和他们一样的人，站在了魔鬼，而不是天使的一边（参见法则9）；因为这么做会降低我们的身份，贬低我们；因为我们会后悔；最后，因为这么做了，我们就不是法则玩家了。报复是失败者才会做的事情。树立和保持高尚是成为法则玩家的唯一途径。不报复的意思不是我们好说话、懦弱，而是说我们采取的任何行动都是诚实、体面的和清白的。

> 保持高尚带给我们的感受比报复美好
> 1000 倍。

法则 95
我们吃过苦不代表别人必须吃苦

　　我上学的时候，有一个家庭条件相对不好的同学。其实和世界上的很多人相比，他真的没那么穷。但和学校里的其他大部分孩子相比，他确实要穷一些。这在一定程度上激励他最终在城市里找到了一份要求很高的工作。他现在过得非常好，可能比当年的大部分同学都富裕。但他总是对钱愤愤不平。他非常讨厌不像他那么努力工作的有钱人，在朋友面前说话尖酸，比如，"我们能去巴哈马度假一个月真好。要知道，不是所有人都有这个能力的。"此话不假，他确实有这个能力。

　　人人都有自己的问题要解决，无论是现在还是过去。我们不能仅仅因为别人没经历过我们那样的遭遇，就为难他们。无论我们是童年悲惨、贫穷、感情不顺、没有得到想要的工作，还是因为过敏不能养狗——无论我们的麻烦是大还是小，关键在于这不是其他人的错。我们不知道我们的朋友在他们现在或将来的生活中要面对什么困难。总而言之，他们的处境也许并不比我们好。

　　如果总想让朋友因为轻而易举就得到了美好的东西而感到内疚，我们最终会破坏彼此之间的友谊。然后再去怨恨朋友比我们多的人吗？不会，我知道大家不会这么做，但有些人的确会。那么，另一个选择是什么？我们会希望朋友有一个悲惨的童年、贫穷、婚姻不幸、失业或对狗毛过敏吗？我肯定是不希望如此。如果我们自己生活幸福，我们会希望看到尽可能多的人幸福。因此，每当遇到没有经历过我们那样的苦难的人时，我们应该感到高兴。

大家可能会说，我不想对生活艰辛的人无动于衷。肯定的，我也不会，但愤恨只会让我们的生活变得更糟糕。如果其他人没有我们过去或现在所背负的重担，要为他们感到高兴才行。

顺便说一下，我的那个朋友也许出生在一个相对贫穷的家庭，但他天生聪慧。这也是他能上牛津并找到一份好工作的原因。但对于那些天生不如他聪明的人，他会感到内疚吗？当然不会，但我打赌有人会对他进了名校而自己却未能如愿而愤愤不平。这样的愤恨毫无意义。

> 愤恨只会让我们的生活变得更糟糕。

法则 96
善于比较

众所周知，这不是本书最初的版本。在第一版中（和这一版一样），我邀请读者给我发邮件，介绍他们的法则。这条就是一个 16 岁的印度学生推荐给我的，我完全赞同。我提到这一点是出于两个理由。第一，此事表明，对于遵守法则这件事，年纪再小都不算早。第二，我认为提出这一条法则的人仍在接受教育，因而期望向他人学习，这一点具有重要的意义。这是一条需要谦卑才能做到的法则。

人们常常告诉我们不要和别人比。理由是，如果认为自己更胜一筹就会傲慢，如果觉得不如别人就会灰心丧气。此外，我们都是不同的个体，因而比较的结果可能没有参考性。然而，在工作中我们会不断制定业绩目标。实际上，我们应该给自己的生活制定目标，就像法则 29 要求的那样。这不仅适用于我们的计划，也适用于我们的行为和发展。

人无完人，这一点我们都知道。我们都希望变得更有耐心、更友善、更宽容、更努力、在教育孩子上做得更好、花钱更理性。但要做到什么程度？确定目标的最好办法就是把我们尊敬的人当作标准。"我想像这个人一样有安排"或"我想像那个人一样镇静"。明白了吧？我们是在以一种积极的方式和别人比较。这意味着我们能看到自己的差距，也能看到这个目标是可以实现的。我们不用告诉他们，我们把他们作为自己的向导，但如果需要的话，我们当然可以向他们寻求建议。

我们也许觉得，总是和比自己优秀的人比较会让自己感到沮丧，但就像我那个 16 岁的朋友所说的，一方优秀，另一方更优秀。

没人表现得不好。实际上如果直面自己需要提升的地方，然后积极行动起来，我们还会得到额外的加分。

16 岁的时候，我们以身边的人为师是很自然的事。遗憾的是，随着年龄的增长，我们却失去了这样的态度。但如果有见识的话，我们会喜欢身边都是优秀、积极的人。在这种情况下，不向他们学习是一件很奇怪的事。这是我们挫败法则 2 最好的机会。

> 我们能看到自己的差距，也能看到这个目
> 标是可以实现的。

法则 97
制订职业规划

在工作上，我们的努力方向是什么？我们有计划吗？目标呢？哪怕是小目标？如果这些都没有，我们可能会随波逐流。如果有计划，我们到达想去的地方的可能性就会增加。知道自己想去哪儿就成功了 90%。知道自己的目的地意味着我们坐下来思考过，意味着我们关心、重视自己的未来。

一旦开始为将来打算并决定了目的地——这个地方不分对错，我们尽可以下定决心，踌躇满志——我们就可以安排合理的步骤了。一旦确定了相应的步骤，我们就知道自己需要怎么做，才能完成各个步骤。需要额外的资质吗？经验？跳槽？改变工作方式？无论完成这些步骤需要我们付出什么，都是我们必须要做的。不要停滞，不要墨守成规。

我们都需要通过工作来维持生计。整天窝在家里看电视真的不可取。工作会让我们的大脑保持健康和活跃，让我们有机会接触其他人，并让我们每天都能遇到挑战。请相信我，工作会让我们变得更好。

如果没有规划，任何地方都可能是我们的终点。是的，这也许令人激动，但我怀疑很多人能得到一个幸福、成功的结局不过是因为偶然。这种结果需要我们有意识地去付出努力。而有规划则是这种有意识的努力的一部分。我知道，运气在有些人的生活中发挥着重要作用，但这些人只是极少数。在等待好运出现期间制订规划并努力工作并不意味着好运气就不会出现了，或是好运气出现时我们不能彻底抛弃原来的规划。

　　如果不忙碌地制订规划并朝着下一个目标努力，我们真的可能会陷入螺旋式的沮丧和淡漠中。成功人士有"干劲"。如果不是天生有干劲的人，他们后天也会培养干劲。他们假装有干劲——如果我们愿意这么理解的话——但假装有干劲这件事本身就会让他们行动起来。试试吧，真的有效。

　　　整天待在家里看电视真的不可取。

RULE 98

法则 98

考虑我们赖以为生的工作的长远影响

继续只顾埋头工作不思考所做的事情及其影响，已经成了不安全、不负责、不道德的行为。我不会询问大家的工作，那完全是你自己的事。作为一个作家，我知道很多上好的树木会因为我而被早早砍倒。与之平衡的是，我写的东西带来的积极影响（我希望），以及因为我的写作而找到工作的人。但我控制不了他们的工作条件，所以此事和我无关。但真的是这样吗？

所以对我来说，我坐在这里打字这个行为的副产品就是被砍倒的树、我在办公室用的电和把书送到书店的卡车制造的污染等。我们呢？是否最近处理过危险的垃圾？是否设计过导弹制导系统？是否砍掉了一整片雨林？或者说我们的工作是否提供了至关重要的服务或产品，是否会让人们更快乐、更富裕、更成功？

我们赖以为生的工作是会产生影响的。我们可以从事产生污染和危害的职业，我们也可以从事帮助他人、让他人受益的工作。知道我们的工作会产生的影响——无论好坏——并不意味着我们要马上放弃一切，换工作，也不意味着我们可以因为自己从事的是关心他人的工作就高枕无忧，自我感觉良好。

每一份工作、每一个行业都有自己的影响。这些影响有好有坏。我们的工作可能会带来巨大的好处，也可能会产生危害。我们必须进行全面的评估，清楚自己的感受。如果觉得不开心，我们完全可以离开，但速度不能太快，因为我们也许可以从内部来改变形势。

我曾在某行业待过一段时间。当时，我意识到情况有点危险。于是，我采取了提问的方式，"如果媒体知道了怎么办？会给我们造成什么影响？"我没有告密，也没有反对任何人，只是提出问题。但我这么做的确引起了注意。或许我们也可以这么办，或许我们可以慢慢地、低调地利用自己的影响力和我们能够采取的行动，让事情朝好的方向发展。

> 作为一个作家，我知道很多上好的树木会
> 因为我而被早早砍倒。

法则 99
做好本职工作

　　我们在工作中的表现会影响其他同事。我们应该有一定的标准，并严格遵守标准。当然，我们必须做到品行端正、值得信赖、正派、诚实。下面的建议会帮助我们取得非凡的成功。

　　• 重视工作，竭尽全力。不要原地不动，要不断学习。要走在行业和最新发展的前沿。

　　• 不要只想着提升自己，要关心如何让大家一起进步。要想着"我们"而不是"我"，我们是团队的一员，应该融入团队并卓有成效地为团队做贡献。

　　• 试着传递快乐，不说人坏话、保护弱者、由衷地赞美别人、远离八卦和闲话、保留自己的意见、表现出些许超然。我们会因此升职的。

　　• 衣着讲究，努力留下好印象。保持高标准，付出努力。尽量不要为了睡觉、偷办公用品和恋爱而上班，我们是去工作的。

　　• 尽量善待同事。我们曾经和他们一样迷惘。给他们机会，让他们有喘息的时间。用例子鼓励他们。作初级员工的榜样。试着理解老板的观点，从公司的角度考虑问题。

　　• 知道自己的底线，知道如何严肃地说"不"，不要让人利用我们善良的本性，不卑不亢。

- 热爱工作，充满热情，玩得开心。

> 当然，我们必须做到品行端正、值得信赖、
> 正派、诚实。

法则 100
知道自己造成的危害

这一条法则指的是我们要有意识地去评估自己的所作所为会给环境和世界造成什么影响，知道它是好还是坏。我们也许会在评估后选择改变自己的行为，也许不会，这要么是因为我们觉得无所谓，要么是因为我们觉得自己已经很"环保"了，无需改变。

我们很容易在未做全面了解的情况下就鲁莽行事。我们要知道自己即将做出的改变是会让形势好转还是恶化。举个例子，我最小的孩子出生时，我非常担心有关纸尿裤的危害的报道。从报道来看，纸尿裤似乎需要大约 500 年才能分解。但我也担心布尿片要经常清洗，这个过程会消耗电、肥皂、水等。有些人认为，就危害环境而言，纸尿裤和布尿片不分上下。但问题是，必须要用一种，否则危害的就是地毯了。

因此，我们也许会考虑自己开什么车；家里使用哪种供暖；去度假时采取什么出行方式（坐飞机被一致认为是不环保的）；我们是否会对物品进行重复利用；我们不需要的东西是否会对其他人有用等。我把这些细节完全留给大家去思考（我不应在这些事情上对任何人说教），但关心这些事情并尽量把我们造成的危害降到最低总是好的。

　　这要追溯到一个大主题，即我们一生都要睁大眼睛，保持清醒，知道自己在做什么以及我们对环境和周围人的影响。这个主题是所有法则的基础。我们不用马上改变，但我们至少应该想一想。

　　我想，自满的时间已经结束，现在真的该仔细考虑我们造成的影响了。一旦考虑过了，我们也许就会开始为了有所改善而做出一些改变。如果人人都做出一点改变，世界将大不一样。

> 我们不用马上改变，但我们至少应该
> 想一想。

法则 101

争取代表光荣而不是耻辱

我们可以为了人类的光荣而努力，也可以尝试让人类坠入耻辱的深渊。莎士比亚代表光荣，豆腐渣工程代表耻辱；在温暖的夏日午后举办社区聚会代表光荣，偷钱包代表耻辱；慈善跳伞活动代表光荣，色情作品代表耻辱——但情色电影也可以代表光荣。现在明白了吧？

让我们超越自我、让我们追求完美、让我们进步、挑战我们、以一种好的方式鼓动我们、让我们克服本性、让我们站在阳光下的所有事情都代表着光荣。

那么我们想代表什么呢？是光荣还是耻辱？当然是光荣了。但我担心我们会以为光荣就是为人诟病的好好表现。一生都有人告诉我们，好好表现是一件坏事，在一定程度上有些无聊，属于温顺、伪善、禁欲、自命清高的人。支持人们好好表现的论据不多。在学校里好好表现，我们会被其他同学欺负。在工作中好好表现，同事会说我们奉承老板。

但实际上，好好表现，争取代表光荣是一件很私人的事情。我们无需告诉其他人。如果默不作声，我们就是在好好表现；如果四处炫耀，我们就是在讨好卖乖；如果干涉他人并试图让他们好好表现，我们就是不切实际的改良派。只需要做出代表光荣的决定，然后什么都别说。

只需要做出代表光荣的决定，然后什么都
别说。

RULE 102

法则 102
协助解决问题，而不是制造麻烦

　　这一条法则在好好表现、争取代表光荣而不是耻辱的基础上更进了一步，指的是采取积极的行动。要知道，如果我们不采取一些行动，这个世界，我们所生活的这个美丽星球就会毁灭。我前几天看过一篇有关复活节岛的文章。复活节岛正好象征着我们自己所处的悲惨处境。

　　大约 500 多年前，一个波利尼西亚民族发现了复活节岛，并在那里定居。那是一个野生动物和林木资源都非常丰富的小岛。短短几年，他们就吃光了所有动物，砍掉了所有树。他们还污染了河流，他们自己濒临灭绝。后来，旅游业拯救了他们。

　　但地球不会迎来游客。没人会为了拍照而来拯救我们。我们所有人都必须开始协助解决问题，停止制造混乱、破坏和麻烦。开始参与解决问题是指行动起来，停止制造问题是指不再说"我只是做了我应该做的"或"这是我工作的一部分"。拜托，我们必须停止说这些废话，否则，我们就会沦落为外星人的巨型游乐园。

　　因此，这一条法则就是开始想办法，让我们自己能够为解决问题做贡献。我们必须参与进来、找到解决方式、行动起来、不再懒惰、做出我们力所能及的贡献。如果我们希望自己的生活正确、美好、成功并且有意义，我们必须回报这个世界。我们要偿还自己欠下的债，要重新对生活进行投资，这意味着关心周围的一切，并希望它们变得更好。

要知道，如果我们不采取一些行动，这个世界，我们所生活的这个美丽星球就会毁灭。

RULE 103

法则 103
想想历史会怎样评价我们

历史会怎么评价我们？我们内心深处觉得自己去世后，别人会用什么样的形容词来介绍我们？我说的不是刻在我们墓碑上的字，而是和宇宙有关的伟大记录中的内容。我个人认为我自己甚至都没资格出现在脚注里。但如果有幸出现在史书中，我希望历史对我的记录是，我尝试过、努力过并竭尽全力试图带来改变，我捍卫自己的信仰和权利，并表明了自己的观点。我希望历史可以说，我不再懒惰，站了出来。这就够了。

那你呢，我的朋友？我们觉得历史会怎么评价我们？我们想让历史怎样评价我们？两者之间有差距吗？我们能消除这个差距吗？我们要怎么做才能消除这个差距？想想历史会怎样评价我们这个人和我们的行为。

要想成功，我们必须重视子孙后代是否会生活在一个更美好的世界里。还记 20 世纪 70 年代那些有关自给自足的书吗？它们风靡一时，但似乎都有一个关键的共同之处，就是认为如果我们有一片土地，那么我们必须比之前的主人更加用心地去耕种，把它利用得更好。对于这个世界也是同样的道理。我们都要有意识地努力在离开这个世界之前，让它变得更美好。我们要承担起对这个世界的责任，更好地利用它，然后把它交给下一代。

我们怎么指着被污染的海洋、干枯的河流和融化的冰山对子孙后代说，"有一天，这些都将是你的。哦，抱歉我们把它们弄成这样了。"我觉得他们可能会有点生气，历史可能会把我们当作白蚁。其实我们每个人都可以，也必须给这个世界带来不同。历史一定会追究我们每个人的责任。

问题在于太多人不会改变，因为他们觉得自己不会被追究责任。如果没人监督，他们就觉得自己能逃之夭夭。历史会解决这个问题的。

> 历史可能会把我们当作白蚁。

法则 104
不是所有东西都能做到环保

我听说有人发明了一种可以在我们走路的时候给我们手机充电的鞋。太赞了。我也想要一双，不过它们看起来像是结实耐磨的步行靴，专门为丛林和沙漠等找不到充电设备的地区设计的。如果能把它们做成牛津皮鞋的样子，我一定会买一双来穿。不是所有东西都能做到环保，也不是所有人都能做到我们所希望的那么环保。

有些副产品，如污染和危害不可避免。数十亿人生活在这个星球上，肯定会有影响，肯定会造成一些危害。我们要做的就是尽量减少危害，但试图完全杜绝"危害"是不现实的。总而言之，这是一个平衡和孰轻孰重的问题。

要求立即消除所有机动车是不现实的，但我们可以尽自己的力量，买油耗更低、尾气更清洁、使用了可回收材料的车。但这些车不会，也不可能是完全环保的。

有时候，因为要赶着去灾区帮忙，我们会选择坐飞机的方式，但飞机会排放大量废气。你看，我们时刻都在进行诸如此类的选择和取舍。开车上班、家里的供暖、吃穿用度等，无一例外。我们不能要求所有人、所有东西都像我们所希望的那么环保。

　　如果所有人都做到了减排、都尽了自己的力量、都重视自己的所作所为，就会有效果。但我们不能追求完美，我们也做不到在一夜之间扭转乾坤。如果因为太过追求环保以至于给我们的生活造成了巨大的压力和不便，就停下来吧。要努力，但也要接受永远不会达到完美这个事实。只要我们行动了，就会有效果。

> 不是所有人都能做到我们所希望的那么
> 环保。

法则 105

回报世界

我坚信没人是主动要求来到在这个世界上的，这个世界也不欠我们什么。但按照相同的道理，其实是我们欠这个世界的。虽然我们没有选择来到这里，但一来到这里，我们就得到了食物和水，享受到了快乐和开心，受到了挑战和教育，体会到了敬畏和惊讶。这些都是这个世界提供给我们的。这里资源丰富，我们可以取用它所拥有的一切资源。

我们可以一直索取，没人说不可以。但我要说的是，如果回报这个世界，我们夜里会睡得更加香甜，比如大雪过后主动清扫积雪。

要慷慨大方。我们不用出钱，但要付出时间和关怀。如果有特殊的才能，就用它去帮助其他人；如果有设施，就把它们借给有需要的人；如果有能力带来好的变化，有影响力，就利用起来。

如果没有呢？即便如此，我相信我们所有人都能够用自己的方式给这个世界带来不同。在定义"回报"时，我们可能要认真观察，并稍微利用一下我们的想象力。

我们不一定都要成为慈善工作者或传教士，但我们可以资助有需要的儿童；我们不用把家里变成无家可归者的收容所，但我们可以在小花园里搭建一个可供野生动物栖息的地方；我们不用做到百分之百的环保，但我们可以对更多东西进行回收利用，并在购物的时候多了解生产商的情况。

我想我们所有人都应该自问："这个世界是否因为有我而变得更加丰富多彩？待我离开时，这个地方会比我到来时更美好吗？我给谁的生活带来了不同吗？我回报这个世界了吗？"

如果回报这个世界，我们夜里会睡得更加香甜。

法则 106

每天或者至少偶尔找出新法则

目前为止，本书介绍了 106 条让我们的生活变得成功和充实的法则。但不要以为这就结束了。我们不能安于现状，法则玩家是不会停下他们的脚步的。一旦自以为一切都在掌控之中时，我们就会摔跟头。我们要不断前进，保持我们的创造性。最后这一条法则就是不断寻找新法则，不要止步不前，要继续改进、补充和完善这些法则。它们给我们提供了一个起点。它们与其说是启示，不如说是对我们的提醒。它们是我们的起点，我们将从这里起步。

我一直尝试摆脱平庸、滑稽可笑、难看和懦弱以及明显错误的事和十分困难的事。我一直尝试摆脱陈腐和不开心的事（不要生气，脾气要柔和）。

我希望我们在给自己制定新的法则时，也能遵照类似的计划。当我们有所收获——不管是通过观察还是灵光一现——时，我们都可以汲取经验，想想能不能把它变成一条法则，留待将来使用。

试着每天——或者至少偶尔——找出一条新法则。我真诚地希望知道大家都找到了哪些新法则，期待大家的分享。成为法则玩家会带来很多乐趣，试着去发现其他法则玩家也非常有趣。但无论做什么，都不要四处声张。要保密，不过你可以通过电子邮件告诉我。

　　成为一个法则玩家需要努力、顽强、热情等。坚持下去，我们的生活会变得充实、快乐、高效。但要宽容，所有人都有失败的时候，人无完人。享受这个过程，玩得开心，同时好好生活，如是而已。

　　它们是我们的起点，我们将从这里起步。

第五篇

快乐法则

　　快乐不是一种永恒的状态，我们的日子总是有好有坏。明白这一点是获得更大、更多的快乐的第一步，因为如果我们不是期待无论何时都快乐的话，那么当你真的不快乐时，那种不快乐的感受也就不会那么强烈。这略微有些讽刺。无论如何，正是低谷的存在才会让我们意识到巅峰的弥足珍贵。快乐和我们的意识紧密相连。

　　虽然生活中的低潮在所难免，但我们可以通过很多事情让自己的快乐再多一些、再持久一些。

　　快乐是一种可以养成的习惯。你越是训练自己，让自己感到快乐，快乐就越容易实现。有些人也许不太能接受通过"训练自己"来获得快乐的这个主意，因为它听上去好像有些刻意。你也许认为我们不需要刻意让自己觉得快乐，快乐应该自然而然地到来。但抱歉，快乐的确是需要我们付出一些努力的，但这种努力非常值得。并且这种训练要比去健身房锻炼简单得多，不过是学着从不同的角度思考问题而已。

　　你会发现在我们前面讨论过的法则中，大部分都和快乐有关，其中几条的关系尤其密切。在接下来这个新增的章节中，我收录了十项全新的法则，它们绝对是生活快乐的核心。

法则 107
目光长远

快乐当然很难定义。我们很难时时刻刻都对自己的生活感到满意。永恒的快乐显然是一个不切实际的目标，但追求广义的满足却是非常合理的。

即便如此，强烈的快乐感也会转瞬即逝。这种感觉不会持续很长时间。如果我们永远都是欣喜若狂的状态，生活该多无聊啊？快乐的感受会慢慢消失，因为我们会认为它是理所当然的。因此，生活中必定会有一些令人不快的时刻。问题在于，你是否能在遭遇不顺时依旧感到快乐。

你当然可以。如果我们把快乐定义为"对生活感到满意"的话，你就会知道，即便是最令人满意的生活也不是十全十美的。如果只有这样才叫快乐，谁都做不到。这个概念完全就是一派胡言。因此，即便时运不齐，我们也应该想办法保有快乐。

我们知道，无论形势多么恶劣，如果有朋友的支持、意识到自己拥有的幸福、有自己的信仰体系、喜欢自己、保持忙碌、做喜欢的事情，那么情况永远都不会太糟糕。但首先，走过低谷的关键是不要用现在，而要用长远的标准来衡量自己的快乐。

所以不要问"我现在快乐吗"，而是要问"总体来说我快乐吗"。回顾过去几年发生的事，想想你的生活总体上怎么样，然后再展望未来。也许你今天很不顺，但从整体上看，你也许会意识到自己基本上还是快乐的，今天的不顺只是暂时的。

还是做不到怎么办？那我建议你再看一遍本书，想想最能引起你共鸣的那些法则。你能够对自己的生活和人生观做出什么改变？不要只依赖于我的观察，你也要观察自己熟悉的人，看看谁看上去很快乐，并想想他们为什么能这么乐观地看待生活。只要愿意，我们所有人都可以快乐起来。这可能需要我们做出一些努力，但这些努力非常值得。

> 不要问"我现在快乐吗"，而是要问"总体来说我快乐吗"。

法则 108
做自己擅长的事情

　　这条法则看似简单，但真正奉行的人并不多。做自己擅长的事情时，你会完全沉浸在其中，感受到信心、自尊心、乐趣、激情、乐观和其他能带来快乐的因素。

　　即使找不到自己感兴趣的工作，你依然可以要求自己做好本职工作——哪怕是再平常的工作。走过场装样子和真的做好之间有着天壤之别。对于一件事情，如果不得不做，就要确保自己能做到能力范围内的最好。

　　无论现在的工作是不是你自己的选择，你都可以决定如何度过工作之余的时间。你可以培养一个兴趣爱好、为家人做饭或做义工等。这些事情能让你完全投入，并给你带来成就感。

　　请注意，我不是说你永远都不能尝试自己不擅长的事。就算是有能力办演唱会的钢琴家也有弹得不好的时候。不尝试，怎么知道自己不擅长。况且有些事情永远都不会成为我们的特长，却是必须要做的。但要注意的是，要想感到快乐，我们就需要把时间尽可能多地花在能让自己感到骄傲的事情上。

　　知道自己做得不错时，我们会进入一种真的能让自己放松心情的节奏。我们可能会在讲演过程中听到观众的喝彩，我们游泳的速度也许非常快，又或者我们能把孩子的恐惧变成了自信，等等。对我们很多人来说，这些时刻都是最快乐的。因此显然，这种感觉越多，快乐就越多。并且因为快乐在很大程度上是一个习惯问题，我们会越来越多地养成自我感觉良好的习惯。

> 知道自己做得不错时，我们会进入一种真的能让自己放松心情的节奏。

法则 109
喜欢自己

前面的一条法则（参见"个人法则"的法则 4）是接受自己。但要想真的快乐，你不仅要接受自己，还要喜欢自己。

有些人在这一点上不存在问题。如果是这种情况，你可以跳到下一条法则。但大部分人至少是在某些时刻难以做到喜欢自己。首先，大家必须有想要喜欢自己的想法。不过，大家可能会认为做人不该自恋，或者这么做可能会让自己显得自负、傲慢、以自我为中心，并因此而感到不舒服。的确，这可能很难，但我们必须打破心理、宗教、文化甚至是我们自己创造出来的"不应该喜欢自己"的这种感觉。

注意，喜欢自己不是说让大家认为自己完美无瑕，而是说在独处时身心放松，并认可自己的品质。我的确不了解你，但我喜欢的很多人都有缺点、不完美，我想大家对朋友和家人也是如此。我们对别人尚且能宽容，对自己为什么比对别人还要苛刻呢？

因此，要意识到尽管我们不完美，但我们也并不比很多讨人喜欢的人差。这一点也适用于其他人。我偶尔会不喜欢一些朋友和家人的表现，但我依然喜欢他们。同样的道理，尽管我们会做一些事后会后悔的事情，但我们还是值得自己喜欢的。

对于在缺少关爱和重视的环境中长大的人来说，喜欢自己尤其困难。如果你是这种情况，那么你更要掌握这一点——自己是值得自己喜欢的。唯有这样，你才能感到快乐。

我们可以从喜欢自己的某些方面开始。在心里记住它们，并意识到自己可能会在回首往事时觉得"我喜欢自己处理这件事的方式"的情况。然后，以此为基础，把注意力放在我们满意的品质上，继续寻找我们满意的地方。同时，用心聆听他人的表扬和称赞。一旦养成把注意力放在优点而不是缺点上的习惯，大家也许会惊讶于自己原来有这么多优点的事实。

> 喜欢自己并不是说让大家认为自己完美无瑕。

法则 110
换个角度

我一个朋友的孩子最近参加了一项游泳比赛。我问他比赛情况时，他回答说："真的很好，我拿了第三，不过如果不是一开始失误了的话，我可以得第二的。"他这么乐观让我很高兴。他本来可以说："糟透了，我只拿了第三，因为一开始失误了，我本来可以做得更好的。"事实上，很多人都会这么想。但不管是出于什么原因，他选择了换个角度考虑问题。

这么做的结果是什么？本来这个结果可能会让他不开心，但他却感到很开心。这完全在于心态。若我们能学会意识到自己可以选择不同的应对方式，我们也就可以做到这一点。是晋升失败（痛苦），还是真的非常接近那个职位（快乐）？是累了一天回到家腰酸背痛（心情郁闷），还是终于可以在沙发上好好休息喝杯茶了（享受）？

猎豹是无法改变它身上的斑点的，对吧？有些人生来就能看到生活中光明的一面，而有些人生来就只能看到黑暗的一面。但如果能养成习惯，意识到自己能够从不同的角度看待问题，你就已经比认为只有一种角度的人更积极了。下次忍不住感到难过时，不妨换个角度。

这个例子很好地说明了快乐是一种可以养成的习惯。练习得越多，就越容易感到快乐。越能意识到另一种角度，就越容易采取这种角度。当然人总会有摆脱不了失望和悲伤情绪的时候，但失望和悲伤的频率越低，它们就越不容易影响我们。这些努力都是值得的。毕竟想想看，对获得第三名感到满意这种感觉多美妙啊！

下次忍不住感到难过时，不妨换个角度。

法则 111
自我暗示

我们真的很容易轻信。某件事说的次数多了，我们就会信以为真。那么，何不好好利用这一点呢？坚持告诉自己是快乐的，我们就会感到快乐。不信的话，不妨试试看。

当然，我们需要一定的时间去强化这种暗示。如果每天告诉自己十遍"我很快乐"，然后告诉自己二十遍"我很痛苦"，猜猜哪个会赢。只要认真对待，这个办法真的有效。

想想世界上条件最恶劣的地方：里约的贫民区、撒哈拉沙漠、德里的贫民窟、西伯利亚等。你觉得自己生活在这些地方会快乐吗？不会。但你觉得生活在这些地方的所有人都不快乐吗？也不尽然。有些人在任何环境下都能面带微笑，找到乐趣。他们的期望也许确实比我们的低，但这不是唯一的原因。他们选择相信自己是快乐的。大家看，快乐是一种信念，我们可以选择这种信念。

我们还可以想想什么事情能让自己感到快乐，然后多安排一些这样的事情，比如和爱的人在一起、保持忙碌、做自己擅长的事情、帮助他人、吃巧克力等。即便境遇艰难，这些事情也会让我们感到快乐。

每天晚上睡觉前，我都会把这一天回放一遍，回想起所有美好的事情。无论是大事还是小事，我都会坚定地忽略不好的事情。我会记住所有正面的片段，从重要的升迁事宜到态度友好的服务人员。

我们可以在自己的脑海里练习，也可以说给别人听。这个人不一定要在我们面前，只要我们想说给他或她听就可以。当我们把它和其他某个人联系起来时，这种快乐就会变得更有说服力、更客观。很难找到比这更好的方式来结束这一天并快乐地迎接第二天了。

> 快乐是一种信念，我们可以选择这种信念。

法则 112
把不同的圈子结合起来

当我们在工作或学习上遭遇不顺时，最幸福的事情就是一天结束后回到家里，把所有不快都关在门外。我们可以待在自己的避风港里，直到做好了重新把头探出来的准备。

如果家里也出问题了呢？显然，我们都需要去工作或上学。要知道，这种逃避并没有错。当然，有些逃避不可取，但在一些暂时性的小问题上，逃避的作用却被低估了。它往往是可以解决问题的。有时候，我们需要给自己一点时间和空间。

换个环境其实也有助于解决长期性的、更严重的问题。如果老板总是贬低我们，至少在家里我们可以感到自信。如果家人生病了，令人担忧，至少我们的工作还尽在掌控。

这就说到了一条法则，那就是我们应该有多个圈子。这样，即便生活中的某些方面让我们担忧、焦虑、渐渐丧失信心和精力，我们依然有很大的机会保留某个能让自己感到快乐的领域。不要把全部的时间都投入到工作、孩子、学习或其他任何事情上，要确保在需要的时候，有一个可供自己逃离烦恼的港湾：家庭、工作、朋友或兴趣爱好。

身处困境时，多样化的生活极其重要。这也是最有趣、最令人满足的一种生活。我们可以选择平衡——我们显然可以选择自己喜欢的东西，这是我们的生活——这样我们就能找到生活中美好的一面。这不仅仅是逃避，不同的圈子会带给我们不同的快乐元素。在家照顾孩子也许能给我们带来所需要的爱和自信，但它可能无助于我们感受到尊重。不同的领域带给我们的东西是不一样的。有时候，我们能够从其中一个领域收获到很多，但要想获得所有能让自己快乐的元素，并且能在境遇不佳时暂时躲避，我们真的需要把所有圈子都结合起来。

> 不要把全部的时间都投入到工作、孩子、
> 学习或其他任何事情上。

法则 113
转移注意力

　　我的一个好朋友天生多愁善感，真的很难快乐起来。他的生活中永远有需要担心的事情，如果没有明显需要担心的事情，他甚至会创造一些出来。他天生就是这样。他担心的某些事情可能永远都不会发生，比如，如果妻子的病情其实比看上去更严重怎么办？若公司决定裁员怎么办？若加息导致他还不起房贷怎么办？

　　但他其实并不需要如此。还记得快乐是一种可以养成的习惯吧，它同时也是一种思维模式。改变思维，就能改变心情。改变思维模式的办法有很多，能帮助我们坚持下去。我会给大家一些建议，我们可以从现在开始改变。

　　首先，有一种不会让我们担忧的业余活动好处多多。它可以是运动、园艺、陪孩子玩耍、搭建火车模型、阅读、烘培等，只要适合我们就可以。如果某个时间段我们特别容易产生消极的想法，比如上班的路上，那就找一件合适的事情来转移注意力。比如，做填字游戏、编织和在笔记本上制订计划。唯一要注意的是，不能是那些也许会让你上瘾的事情，比如喝酒、电脑游戏或赌博等。这不是制造新问题的时候。

　　当然，世间依然会存在无法转移注意力的忧愁或悲伤。此时，我们需要找到一个只用思考就能解决问题的办法。关键在于发现自己有消极的想法时，就对自己说："哈！抓到你了！马上停下来！"然后再让大脑想其他东西，否则它又会回到那些消极的想法中去。我们可以把自己在这种情况下需要用到的想法叫作"快乐想法"，比如，大家在脑海里创作的某个小说情节或是进球获胜的幻想等。

最后，我们也许会发现，想想自己担心的那些事情好的一面也会起到帮助作用。以我们担心成为公司裁员的对象为例，为什么不想想它会带来的各种机会和积极的方面。比如，我们再也不用看到那些讨厌的同事了、再也不用把大量时间浪费在上下班的路上了、终于有机会创业、转行或离开这座城市了。一旦学会分散注意力的这门艺术，大家就会发现，处理消极情绪并没有那么困难。

> 改变思维，就能改变心情。

法则 114
知道自己重视的人是谁

　　安全感绝对是快乐的基本要素之一。如果感受不到安全，我们是不可能感受到快乐的。这里所说的不仅是人身安全，还有情感上的安全。我们需要有一个强大的支持体系，这样如果出了问题，我们就知道自己可以向哪个地方或哪个人寻求帮助。

　　在不同的领域，我们也许会向不同的人求助：值得信任的同事、可为我们提供建议的导师、靠得住的朋友、愿意为我们做任何事的家人和永远会为我们遮风挡雨的父母。

　　我们需要知道这些人是谁。如果我们不确定自己在某些领域的支持是否靠得住，就要努力经营，以确保它们能带来自己所需要的支持。哪怕我们只有一个可以完全信任的同事，对付放暗箭的人和只能同富贵不能共患难的朋友的难度也会大大降低。和伴侣、父母或兄弟姐妹之间的牢固关系会帮助我们度过哪怕是最痛苦的人生历程。因此，一定要知道谁站在我们这一边。

　　我们要清楚地知道自己的安全网是由哪些人组成的。即便不需要他们，我们也要感激他们，并让他们知道我们有多重视他们对我们的爱和友谊。为什么？因为这么做除了会让他们感到温暖外，还会增强我们自己的安全感，提升我们自己的幸福水平。

当然，如果他们是能陪我们共渡难关的人，那么不言而喻，我们也应该为他们提供自己希望从他们那里得到的一切帮助和支持。在他们提出请求后，为他们提供帮助会让我们有一种价值感。即便是在最不理想的环境下，这种价值感也会增加我们长远的幸福。

和伴侣、父母或兄弟姐妹之间的牢固关系会帮助我们度过哪怕是最痛苦的人生历程。

法则 115
打破障碍

　　阻碍我们快乐，阻止我们对自己的生活感到满意的是什么？感情不顺？钱不够多？工作无聊？不是，别被这些表象蒙蔽了。它们都无法阻止我们感到快乐。成熟后，我们应该知道，阻止我们快乐的障碍来自我们的内心。我之前看过一些例子，比如爱担心、想法消极。那么，大家的障碍，那些阻碍我们快乐的事情是什么？

　　如果有人问要做出什么改变，才能让我们感到快乐，答案不是工作、感情或者过去。我来告诉大家原因吧：因为即使这些统统改变了，我们的人生观依然没变。我们还是那个被动地等着快乐上门的人。然而，如果人生观变了，所有这些——我们的工作、感情和过去——都无需改变，因为无论发生什么事情，我们都能创造出自己的快乐。

　　我不是说大家不能换工作、搬家或做自己想做的任何事情。如果大家对现状不满，我完全赞同大家要尽全力改变，只是不要指望着这么做会让我们快乐起来，因为大部分时候我们顶多是发现自己不快乐的程度稍微缓解了一些而已。

　　我知道，做到这一点不容易。实际上，这可能需要耗费我们一生的时间。但要提醒大家的是，这里说的一生不是指长期悲伤，直到最后一刻快乐突然闪现，而是越来越幸福的一生。调查显示，总体上人们年纪越大就越快乐——至少在他们进入人生的最后几年之前是这样。我年轻的时候觉得很奇怪，因为年纪越大，剩下的时间不就越少吗？然而，随着自己年龄渐长，我意识到这一点并不重要，它只不过是一个外在因素，就像工作和感情一样。重要的是，随着年龄的增长，我们会把那些能让人感到快乐的事情做得更好。我们会变得更加自信、笃定，会学着重视自己，并与周围人建立牢固的关系。当然，并不是每个人都能做到这些，但大家能做到，因为我们是法则玩家并且我们会坚持到底，直到实现目标。

> 成熟后，我们应该知道，阻止我们快乐的障碍来自我们的内心。

RULE 116

法则 116
掌控自己的生活

　　大家是否认为自己能掌控自己的生活？大家认为决定我们所走的道路的是命运，还是我们自己的决策？对此，我知道的并不比大家多，但我可以告诉大家的是，认为能够掌控自己生活的人往往更加快乐。

　　如果大家觉得是自己在掌控生活，那么恭喜大家。如果不是，那么我们就需要朝着这个方向努力。生活中确实有很多事情是不受我们控制的。我们不知道车会在什么时候坏，或至亲会在什么时候生病。面对难对付的老板，大家都会感到力不从心。面对变化无常的天气，我们也真的是毫无办法。

　　但也有人说，没有不好的天气，只有穿错的衣服。即便是最随机的外部事件，也不完全在我们的掌控范围之外，因为我们可以选择如何应对。比如，车坏了，大家是会把它卖了重新买一辆性能更可靠的，还是再试试？对患病的亲人，大家又会以什么方式来支持他们，是继续工作还是辞职？

　　做出的自由选择越多，我们就会把生活中出现的问题处理得越好。实际上，保持现状也是一种选择，但仅限于部分时候。我们很容易觉得自己陷入了困境。

　　因此，我们要时刻都提醒自己是有选择的。有时候，其他选项比现有的情况还要糟糕，但我们依然可以选择忍受。如果不换工作，知道自己可以离开，只是选择了留下来会让我们感到更快乐。好吧，这种快乐可能比不上老板走人，接任的新老板正是我们理想中的类型时的感受，但依然比我们认定生活不由自己掌控时更快乐。我们的确掌控着自己的生活，我们正在行使这种掌控权。要把这种掌控运用到生活的方方面面上去。大家也许会选择不做太多改变，但永远有其他选项，不管它的前景多么暗淡。我们不是被迫走在一条自己不愿选择的道路上的，我们每天都在选择自己的道路。

> 永远有其他选项，不管它的前景多么暗淡。

第六篇

如果你还意犹未尽

　　生活是多元的，如果够聪明，你当然希望学习成功人士的一切，包括他们对待人生、金钱、工作、孩子、人际关系的态度。幸运的是，我已经做完了最难的工作——经过多年的观察、提炼和筛选，我把其中真正有意义的事总结为简单的"法则"。

　　我一直不想把"泰普勒人生法则"系列书籍弄成长篇大论，但是在读者的要求下，我详细研究了与每个人都息息相关的重要领域。接下来，我会抽选系列里其他法则中的一条，供大家试读。

　　读读看，如果你喜欢后面这些内容，你可以在这些书里看到更多有趣的内容。

有关财富
谁都可以拥有财富—你需要的只是努力

财富最可爱的一点，就是不歧视任何人。财富不在乎你的肤色和种族，不在乎你处于什么阶层，不在乎你的父母做什么工作，甚至也不在乎你给自己的定位。以全新的状态开始每一天，无论昨天如何，今天都会有一个全新的开始，你和其他人也都拥有同样的、尽可能获得更多回报的权利和机会。能阻挡你的，只有你自己和自己编造的财富谎言。

> 你拥有和其他人同样的权利和机会拿走你想要的。

在财富的世界里，每个人都能得到自己想要的一切。这难道不是最合理的？财富不可能知道谁在掌控它，不知道这些人拥有什么资质，也不知道他们拥有什么野心、处于什么阶层。财富没有耳朵，没有眼睛，没有感知。财富本身是无生命、无感情的。财富并不知道现实发生了什么。它只是等待被人使用、消费、存储、投资和争抢，它只会引诱人们，让人们为了获得它而努力。财富没有分辨能力，无法判断一个人是否"值得"拥有它。

　　我观察过很多极为富有的人，除了他们都是规则玩家以外，他们的共同点就是没有共同点。有钱人是一个形态多样的群体，即便表面看上去最不可能有钱的人，也有可能拥有大笔财富。有钱人中既有彬彬有礼之士，也有粗鲁下流之辈；有聪明人，也有蠢货；有配得上财富的人，也有配不上的人。但他们中的每一个都会站出来说："是的，我想要，谢谢。"而穷人说的却是："不了，谢谢你，我就算了。我不配。我得不到，我一定不行。我不该得。"

　　这就是本书的核心，挑战你对金钱和财富的看法。我们都认为人贫穷的根源是他们所处的环境、他们的背景及受到的教育。可如果有机会买到像本书一样的书，并且生活在相对安全和舒适的环境里，那么你也会拥有获得财富的力量。这也许是个有难度的任务。赚钱也许很难，但不是不可行。这就是我的第一条法则——谁都可以成为有钱人，你需要的只是努力。其他的法则讲的都是如何实践。

有关工作
让自己的工作受人赏识

在高速运转的工作环境中，工作成果被人忽视的现象可以说是屡见不鲜。你就像奴隶一般做着苦工，有时候我们很难把精力放在提高个人影响力上，无法让其他人重视自己的工作成果。但是，让别人重视自己其实非常重要。你必须让自己脱颖而出，将潜在的升职机会转变为现实。

实现这个目标的最好方法，就是打破工作常规。如果每一个工作日都要处理无数琐事——其他人也是如此——那么处理再多的琐事对你来说也没有更多的意义。可如果给老板提交一份报告，写明如何让每个人都能高效处理更多的工作事项，你自然就会引起老板的注意。这份意料之外的报告，当然是脱颖而出的绝佳方法。这表明你思维灵活，会主动采取有利于提高工作效率的行动。但这个方法不应过度使用。如果过于频繁、不请自来地用这种报告"骚扰"老板，你当然能引人注目，只不过赢来的都是你不想要的关注。你必须坚持以下几个原则。

· 偶尔提交类似报告。

· 保证你的报告切实有效——能带来良好效果，或者带来利润。

- 确保自己的名字写在显著的位置上。

- 保证不仅你的老板能看到这份报告，老板的老板也能看到。

- 不一定非要以报告的形式出现，也可以是公司内部简报里的一篇文章。

当然，让工作引人注目的最佳方式还是你本身具有极强的工作能力。想要拥有极强的工作能力，你就需要全身心地投入工作，排除一切杂念。在工作场所，很多办公室政治、八卦、小伎俩、浪费时间的社交都打着工作的旗号，但这些并不是工作。如果你集中精力工作，和同事相比，你就已经拥有了巨大优势。遵守规则的人永远保持专注。专注于手头的工作，不要分心，你最终会具有极强的工作能力。

> 打破工作常规，引起老板的注意，脱颖而出。

有关管理
让其他人对工作投入感情

　　你是管理者，管理员工是你的职责之一。人们都是为了一份薪水而去工作的。可如果工作对他们来说"仅仅是工作"，他们就永远不会拿出最佳状态。如果员工只是为了打卡上下班，尽可能少地干活，我敢打包票，我的朋友，你注定会失败。另一方面，如果员工带着希望享受工作，期待被挑战、被激励，全心全意地投入工作，你就很可能会激发出他们的最佳状态。问题在于，你究竟有一群只是把工作看作无聊活动的员工，还是拥有一支超强的团队，这一切只取决于你。只有你才能激励、领导他们，为他们提供动力、挑战，让他们在工作中投入感情。

　　你愿意接受这些任务，毕竟你也是个喜欢接受挑战的人，不是吗？好消息是，让团队成员投入感情地工作其实不难。你只需要让他们关心自己的工作，这也不难。你需要让他们知道各自工作的重要性，让他们看到自己的工作会对其他人的生活产生怎样的影响以及满足了其他人什么样的需求，让他们了解到自己的工作会怎样触动别人。让他们相信——当然你说的都是真的——他们的工作确实给世界带来了变化；让他们明白，除了让公司股东和高层管理人员赚得盆满钵满之外，他们的工作某种程度上也让整个社会变得更加美好。

我知道，如果你管理的是护士，相比管理广告销售团队，让员工看到自己的社会贡献显然更容易。可如果认真思考，你会发现每一个工作的价值，你可以将自豪感灌输给每一个工作的人。想要证据？没问题。出售广告位的人是在帮助其他公司——有些可能是非常小的公司——扩大市场影响力，能够让潜在的消费者意识到自己长久以来需要或者将来可能需要的商品确实存在，还能让依赖广告收入的报纸和杂志继续生存下去，而这些报纸和杂志可以给读者传递信息、带去快乐（否则他们不会买报纸杂志，不是吗）。

让员工真正关心他们的工作，这并不难。说实话，这轻而易举就能做到。在内心深处，每个人都渴望被重视，渴望成为一个有用的人。愤世嫉俗的人大概不以为然，但这是真理，无可争辩。你要做的，就是触及他们的心灵。你会发现他们对工作的关心，他们有不同的感受和担忧，有责任感和参与的意愿。重视他们的感受，他们就会永远追随你，连他们自己都不知道为什么。

　　对团队成员采用这种方法前，首先你得说服自己。你是否认为自己的工作能给世界带来积极的改变？如果不敢确定，那就拷问自己，触及心灵地拷问自己，找到让自己关心工作的方法……

> 让你的员工相信，他们的工作确实给世界带来了变化。

有关为人父母
放松

你认识的最好的父母是谁？他们似乎天生就知道该怎么说话、做事，让孩子快乐、自信、健康地成长。你是否好奇，他们为什么做得这么好？再想想你认为不合格的父母。为什么他们做得不好？

我认识的优秀父母都有一个共同点，他们在育儿方面，心态都很放松。而所有糟糕的父母总是有种执念。他们可能并不担心自己是不是好家长（也许他们应该担心），但他们总是纠结某个问题，这影响了他们成为优秀父母的能力。

我认识一对有洁癖的父母。他们的孩子必须在门口脱鞋，否则整个世界就会崩塌，即便鞋一点也不脏。如果孩子把房间稍微弄乱一些，就算很快打扫干净，他们也会大动肝火。他们的孩子总是在担心裤子上是否有草渍，害怕打破番茄酱瓶，不可能放松下来享受生活。

我有一个执着于竞争的朋友。他的孩子承受着巨大压力，必须赢下参加的每一场友谊赛。我还有一个朋友，每次女儿受点儿小伤都会让他紧张不已。我敢打赌，你也能找到很多相似的例子。

与此形成对比的是，我遇到的优秀父母都能接受孩子的吵闹、脏乱、活跃、好动、满身泥土。他们接受孩子的所有真实状态。他们知道自己有 18 年的抚育时间，可以把这些烦人的小东西转变为体面的成年人。他们会把握节奏，认为没有必要急着把孩子变成成年人——总有一天他们会长大成人。

偷偷跟你们说，随着时间的推移，执行这条法则的难度也会越来越低。当然，也有一些人永远掌握不了为人父母的真谛。相比抚养最后一个孩子长大成人，迎接第一个孩子出生时，放松心态的难度显然大得多。你需要关注婴儿的所有生活需求——健康的婴儿不会太饿，也不会太不舒服。你要多点耐心，不能过于神经质。孩子衣服的扣子是否扣对，今天你是否能抽时间给他们洗澡，让孩子单独留在家里是否安全，这些都是你要考虑的问题，但不要为此过度焦虑。

每天晚上，你都可以舒舒服服地坐下来，喝上一杯红酒或者一瓶啤酒[1]，与自己的伴侣彼此鼓励："我的天……他们居然还活着，说明我们做对了。"这就很好了。

> 优秀的父母都能接受孩子的吵闹、脏乱、活跃、好动、满身泥土。他们接受孩子的所有真实状态。

---

[1] 我不是鼓励家长用酒精麻痹自己。我的意思是，放松！

有关爱情
做自己

  遇到梦中情人时，你是否会蠢蠢欲动，想要改头换面？你是不是想变成他们心中的理想形象？你可以变成一个成熟稳重的人，也可以变成强大、沉默、神秘的人。至少，你可以不让自己尴尬，不要不合时宜地开玩笑，不要变成一个可悲的人。

  说实话，你做不到。你可以维持新的形象一两个晚上甚至一两个月，但是想一辈子维持这种形象是不可能的。如果你真的认为对方就是"那个人"，可能在接下来的50多年里，你们都要生活在一起。想象一下，你要在50年时间里故作成熟、压抑自己的真实性情，这是什么感觉。

  不会发生这种事，对吗？你真的想一辈子都戴着自己创造出来的面具生活吗？想象一下那样的生活。因为害怕失去对方，你永远不敢卸下自己的伪装。假设在几周、几个月或几年后，你终于露出破绽，被你的爱人发现真相，那时会怎么样？对方肯定不会开心。反过来，如果对方的伪装被你戳穿，你也会生气。

  我也不是说不该偶尔改变一下形象。改善个人形象还是很有必要的，完善自我是我们每个人都应该做的事。不只是在爱情关系中，而是在人生的各个领域中，你都要努力塑造良好的

极简生活法则
The Rules of Life

形象。你当然可以试着让自己更有条理、更加积极地生活。你可以改变自己的行为方式，这是好事。但这条法则说的是改变自己的基本性格。这种做法行不通。你伪装起来，为了让别人信服，最终只会越陷越深。

做你自己就是了。从现在开始，展示真实的自我。如果对方想要的不是这样的你，至少在对方看到真实情况前，你不会陷得过深。你知道吗？说不定对方不喜欢成熟的人，而是喜欢你的幽默，喜欢和需要被照顾、有点黏人的你在一起。

看到没有，如果戴上伪装，你会吸引本不适合你的人。这能有什么好处呢？也许在其他什么地方有一个真正适合你的人，对方愿意容忍你的所有缺点。要我说，在他们眼里，你的缺点根本就不是缺点，他们能看到你的独特而真实的魅力。这样的人才是最适合你的。

> 从现在开始，展示真实的自我。

■252

版权声明